所有人生中的难题，本质上都是选择题

会选择才会有未来

—— 你的价值，来自于你的选择 ——

张艳玲◎改编

民主与建设出版社
·北京·

© 民主与建设出版社，2021

图书在版编目（CIP）数据

会选择才会有未来 / 张艳玲改编 . —北京：民主与建设出版社，2015.12（2021.4 重印）

ISBN 978-7-5139-0922-8

Ⅰ . ①会… Ⅱ . ①张… Ⅲ . ①成功心理—通俗读物 Ⅳ . ① B848.4-49

中国版本图书馆 CIP 数据核字（2015）第 273083 号

会选择才会有未来

HUI XUANZE CAIHUI YOU WEILAI

改　　编	张艳玲
责任编辑	王　颂
封面设计	天下书装
出版发行	民主与建设出版社有限责任公司
电　　话	（010）59417747　59419778
社　　址	北京市海淀区西三环中路 10 号望海楼 E 座 7 层
邮　　编	100142
印　　刷	三河市同力彩印有限公司
版　　次	2015 年 12 月第 1 版
印　　次	2021 年 4 月第 2 次印刷
开　　本	710 毫米 ×944 毫米　1/16
印　　张	13
字　　数	130 千字
书　　号	ISBN 978-7-5139-0922-8
定　　价	45.00 元

注：如有印、装质量问题，请与出版社联系。

前言 PREFACE

　　为什么从同一名校毕业的学生,站在同一起跑线上,几年之后却显示出了天壤之别?为什么有些人每件事看起来都十分努力,但一辈子却碌碌无为?决定我们一生成败的,到底是什么,是出身、天才还是勤奋?都不是。成功是选择出来的!

　　人生是一条曲线,起点和终点是无法选择,但是起点和终点之间充满着无数个可以选择的机会。谁拥有了选择的力量,谁就掌握了人生的命运。

　　选择是一种人生的判断,只有适合自己的,才是最好的。是燕子,就不要羡慕大雁能飞得高远,它只有在林间的枝头才能寻找到属于自己的快乐;是骆驼,就不要憧憬奔马的速度,它只有在漫漫黄沙中才能凸显自己的价值;是猩猩,就不要向往北极熊的冰雪世界,只有枝繁叶茂的热带雨林才是自己的归宿。人生就如同一个宽大的舞台,不必去羡慕别人优美的舞姿,也不必去羡慕别人动听的歌声,更不必去羡慕别人精湛的演技。你需要的是在这个大舞台上找到适合自己的位置。只有适合自己的,才是最好的。

　　选择是一种人生的取舍;很多时候,在你选择得到的同时你也就选择了失去,很多时候,你一旦选择,就没有了改变的机会。当稳重时需稳重,当果断时需果断,切不可草率,更不能莽撞。只有根据不同时期的不同状况和特点,权衡利弊,忠于自我,才能做出最明智的选择。否则,只能在选择中葬送自己,而不是成就自己。

选择是一种人生的决断,是一种关乎勇气和智慧的事情。世界上没有十全十美的选择。不要在选择之后开始慨叹:"如果我……这样……该是多么的……唉!"凡事总是患得患失,那也只能给自己的人生空留惆怅。选择就是眼前,选择就在手中,放弃太多的贪欲,用心灵去面对,才会展现最真的自己,描绘最美的蓝图。

要筑就辉煌一生的美好大厦,就要选择做一时的砖瓦。李白,他选择了"安能摧眉折腰事权贵,使我不得开心颜",游荡于山水之间,获得了诗仙的美称;杜甫,他选择了"天地一沙鸥"的漂泊生活,成就了他一生的诗文辉煌;陶潜,他选择了远离官场,归隐田园,才换来了一辈子"采菊东篱"的闲适……选择出正确的路途,才能走向一辈子的真正成功。

要想成就一辈子的辉煌,就要坚持自己的选择。王羲之练习书法,洗笔染黑墨池,忠诚一代"书圣";曹雪芹删改五次,终于写出皇皇巨著《红楼梦》;鲁迅把别人喝咖啡的时间用在写作上,一生有两千余万字的创作……坚持自己的选择,才能走向成功。

用一颗勇敢的心去选择,用一颗豁达的心去选择,用一颗感恩的心去选择,才会选择出最美好的人生。

本书可以教你在不同的选择中,去感受选择的意义。希望本书能为读者朋友们带来实用的指导性意见,使读者能感受到选择的真正意义。最后,愿广大读者在打开这部书时,能把握其精髓,领悟其真谛,提高自身的修养和能力,以便更快更好地实现自己的人生理想。

目 录

前言 ……………………………………………………………… 1

第一章 选择,让你的未来充满光明

- 01 选择,决定你的人生高度 ……………………………………… 2
- 02 大胆选择,让你踏上成功路 …………………………………… 4
- 03 明智的选择,走向成功的必然 ………………………………… 7
- 04 行动,让成功成为现实 ………………………………………… 10
- 05 命运,握在自己手里才能成功 ………………………………… 13
- 06 调整心态,成就大器人生 ……………………………………… 15
- 07 正确选择,成就美好人生 ……………………………………… 18
- 08 失败,推陈出新的好契机 ……………………………………… 21
- 09 变通,踏上成功的阶梯 ………………………………………… 23

第二章 选对科学方法,让你在职场昂首阔步

- 01 选择喜欢工作,享受工作快乐 ………………………………… 28
- 02 选择高效工作,才能平步青云 ………………………………… 31

03	选择合作共赢,成功水到渠成	34
04	选择主动工作,成为卓越人才	38
05	选择忠诚,让自己脱颖而出	42
06	勇于负责,成功的最佳方法	46
07	选择激情工作,创造工作佳绩	50
08	学习,让人生增值	54
09	沟通,在大我中成就小我	57
10	热爱工作,成就不凡人生	60
11	创造和谐人际关系,搬走成功路上的绊脚石	63
12	尽职尽责才是好员工	65
13	选择快乐工作,让人生充满光明	68
14	选择循序渐进,打开成功大门	71

第三章 选择努力的方式,成功就是这么简单

01	创新,成就人生大事业	76
02	认清自己,站在成功的门口	80
03	有目标的人生才精彩	83
04	提高执行力,做老板眼中的好员工	88
05	正确定位,成功的第一步	92
06	细节,让事业完美的基石	96
07	专注,平凡的生命也会开出鲜艳的花	100
08	讲究时效,走在成功的路上	104
09	关注细节,成功者的必然选择	108
10	经营时间,成功把握在自己手里	113
11	适时创新,挑战人生高度	117

第四章　选对方向，永远比努力更重要

- 01　正确定位，实现人生价值 …………………… 122
- 02　选对方向，踏上成功的阶梯 ………………… 124
- 03　打破常规，收获别样的成功 ………………… 127
- 04　承受挫折，成功者的必备心理素质 ………… 129
- 05　好马也吃回头草，成功者不怕丢面子 ……… 132
- 06　讲究策略，运筹帷幄定人生 ………………… 136
- 07　选择放手，成就另一番事业 ………………… 140
- 08　选择合作，众人拾柴火焰高 ………………… 145
- 09　善于求助，成功路上不孤单 ………………… 149

第五章　行动起来，成功从不等待

- 01　高效管理时间，让人生从容不迫 …………… 156
- 02　勤奋+主动，成功的催化剂 ………………… 161
- 03　脚踏实地，平凡中孕育成功 ………………… 166
- 04　变通，揭开成功的面纱 ……………………… 169
- 05　立即行动，成功之路在脚下 ………………… 173
- 06　冒险，挑战自己获新生 ……………………… 178
- 07　集中精力，成为高效执行者 ………………… 180
- 08　做好准备，成功的关键因素 ………………… 184
- 09　检查，把成功的代价降到最低 ……………… 186
- 10　全力以赴，卓越人才必备 …………………… 191
- 11　创造机会，把成功掌握在自己手里 ………… 196

第一章

选择，让你的未来充满光明

人生即选择，生活中会有很多的选择，事业与家庭、金钱与爱情、媚俗与持守、前进与后退、坚持与放弃、得到与失去……面对各种抉择，人们往往会矛盾彷徨，不知所措，无所适从。学会选择，往往需要一定的智慧，人生必须学会选择。

会选择才会有未来

01　选择,决定你的人生高度

　　选择伴随着每个人的一生,并决定了每个人一生的成败和优劣。如果你想选择一条始终笔直平坦的路,那你将无路可走。

　　在人生旅途,选择什么样的路,当量力而行。要学会选择,学会审时度势,学会扬长避短。只有量力而行的睿智选择才会拥有更辉煌的成功。

　　一位作者曾写过这样一篇文章:记得小时候,农村水果十分稀缺。经常和生产队里年龄相仿的小朋友三个一群五个一组地爬树摘野山栗、紫桑葚之类,以解口头之馋。而每次爬树的时候,都会出现相似的情况:开始大家都从一棵大树底下往上爬。可越往上爬。树的分杈越多,各人为了多采点果实,便选择了不同树枝,结果起点完全相同的小朋友们,各自爬到了不同的方向和高度上,有的站在又高又稳的主干枝头上,有的蹲伏在摇摆不定的侧枝上,还有的停留在树杈间……下来的时候,有的满载而归,有的略有所获,还有的空手而回。

　　现在想来,小时候的爬树,与人生的历程又是何其相似。生活中的我们经常不知不觉地走到"十字"甚至"米"字路口,让你去选择,也正是这一次次的选择才决定了我们今天的社会位置和人生状况。

　　人生就像一条曲线,起点和终点是不能选择的,而起点与终点之间却充满着无数个选择的机会。

　　在人生的旅途上,你必须作出这样的抉择:是任凭别人摆布还是坚定自强;是总要别人推着你走,还是驾驭自己的命运,独当一面。

　　不少人的生活就像秋风卷起的落叶,漫无目的地飘荡,最后停在某

第一章　选择,让你的未来充满光明

处,干枯,腐烂。

我们在很多时候都会处于何去何从、前途未卜的十字路口,这是人生决定性的时刻。决定性的选择需要果断和勇气,这果断和勇气,有猜测和赌博的成分,但更多的是来自知识和智慧的判断。

每个人都会面临各种各样的危机,如信仰危机、事业危机、感情危机,等等。在危机面前,正确的选择和变动,会使我们积累起一种新的力量,重新面对世界。

每个人的身上都有一种十分强大的力量暗藏于体内,如果你没有发现它,它就永远处于冬眠状态,在人生的路途中你就无法发挥自身的创造力,更无法实现你的人生追求与梦想。

虽然选择的权利在我们自己的手中,但许多人并没有使用这一权利。

会选择才会有未来

也许这就是成千上万的人活得碌碌无为的最直接的原因。

拿破仑选择了当时法国大革命以展示其军事指挥才干,才由一个科西嘉小子成为一代伟大的统帅;比尔·盖茨因为选择了开辟个人电脑时代,才由一名仅上过一年哈佛的准大学生成为世界首富;毛泽东因为选择了为中国人民解放而斗争的伟大事业,才从一位中学教员成为伟大的革命导师。

脚下的路有千万条,但我们能够选择的只有一条。人生不售回程票,不管是荆棘小道,还是康庄大道,你选择了就没有回头路。人一生中,无论是爱情婚姻方面,还是在工作事业方面,无不需要做出选择,不同的选择导致了命运的迥异,错误的选择会让人走尽弯路,辛苦一生却始终与成功无缘,甚至走入歧途,酿成人生悲剧。学会选择是审时度势、扬长避短。只有量力而行的睿智选择才会让人一帆风顺,到达理想的港湾,成就完美的人生。

人生感悟

美好、力量、财富、荣誉、智慧、满足、孩子,属于那些懂得怎样正确生活的人们,属于这个世界。

02 大胆选择,让你踏上成功路

每个人都有一大堆的愿望,但他们却很难踏上实现的征程,影响他们做出选择的因素有时候很简单,那就是勇气。他们因为恐惧而害怕选择自己认为不可能的愿望,因此也错过了成功的机会。

如果你有一个不可战胜的灵魂,那么无论在你身上发生什么事,无论面前有多么大的困难,都无法影响到你。当你意识到自己从伟大的造物主那里获得源源不断的能量时,能真正影响到你的事情就少之又少了。因为,无论什么事情降临在你身上,你都可以保持内心的平静。

工作,就是不断执行一项一项的任务。在工作中,上司命令你完成某项任务,而执行时你却回答"无从下手啊""我不会开机器""缺少信息和资料"……好像工作还未开始执行,完不成任务的种子就已经埋下了,而且个个似乎都是那么的合情合理、冠冕堂皇。

在战争电影中,我们常常能见到这样的镜头:战役即将打响,部下常常向首长请求担任最艰巨、最危险的任务,并说:"保证完成任务!"当首长问有什么困难时,回答总是:"没有困难!"

"保证完成任务"是一种决定个人乃至企业命运的执行力,它在任何时候都能让你充满朝气、干劲。在当今竞争趋于白热化的商业社会中,缺少执行力的人,根本无法胜任自己的工作,也不可能获得成功。

所以,无论面临什么样的任务,你都要记住自己的责任,无论在什么工作岗位上,都要对自己的工作负责。勤勤恳恳、认认真真地对待,除此之外,别无选择。要知道,接受了任务就意味着作出了承诺,你一定要"克服任何困难"去执行,这是作为优秀员工必须具备的关键素质之一。

勤奋是优秀员工"保证完成任务"的根本。事实上,任何领域中的优秀人士之所以拥有强大的执行力,能高效完成任务,就是因为他们勤奋,付出的艰辛要比一般人多得多。

曾有记者问李嘉诚的成功秘诀,李嘉诚讲了一则故事:

日本"推销之神"原一平在69岁时的一次演讲会上,当有人问他推销的秘诀时,他当场脱掉鞋袜,将提问的记者请上台,说:"请您摸摸我的脚板。"

提问者摸了摸,十分惊讶地说:"您脚板上的老茧好厚呀!"

原一平说:"因为我走的路比别人多,跑得比别人勤。"

会选择才会有未来

提问者略一沉思，顿然醒悟。

李嘉诚讲完故事后，微笑着说："我没有资格让你来摸我的脚板，但可以告诉你，我脚底的老茧也很厚。"

一个人在努力工作的过程中，不可避免地会遇到这样或那样的困难。那么，要战胜困难就要有敬业精神。敬业精神是提高执行力的一个重要职业品性。如果你在工作上敬业，并把敬业当成一种习惯，任何任务你都能高效完成。

曾有人向一位优秀人士请教："你为什么能完成这么多的工作？"这位优秀人士答道："因为我奉行这样的原则，在某个时间段只集中精力做一件事，但要尽最大的努力把它做好。"

自信与人的执行力之间有着必然的联系。一个人执行力的水平，永远不会超出他的自信所能达到的高度。信心多一分，执行力水平就会上一个层次。"没有困难"是优秀员工自信心的最佳体现。

自信代表着一个人在工作中的精神状态，以及对自己能力的正确认知。对一个人来说，当他真正认识了自己的自身价值和能力及其工作责任时，就会产生一种肯定性的情感和积极态度，把手中的各项任务都看做是应该做的。这种情感还会产生一种巨大的精神动力。即使在工作条件比较差的情况下，也不会让他降低工作要求，反而能使他更加积极主动地提高自己的各种能力，创造性地完成自己的工作。

卡尔霍恩成为一家保险公司的业务员后，每天早上出门工作之前，都先在镜子前面，用5分钟的时间看着自己，并且对自己说："你是最棒的寿险业务员，今天你就要证明这一点，明天也是如此，一直都是如此。"因为有了这份自信心，卡尔霍恩从来没有因为别人的拒绝或冷漠的态度而退缩、失望。仅仅半年之后，卡尔霍恩就成为全公司最顶尖的保险业务员。

不甘平凡，勇敢地挑战自我、挑战潜能，下定决心，铁了心去做。你可能面对不同的局面，但必须要时刻记住：要为梦想而奋斗，你有信心获得

> 你是最棒的寿险业务员，今天你就要证明这一点，明天也是如此，一直都是如此。

成功，你就能成功，因为，你体内有一股巨大的潜能。你勇敢，困难便退却；你懦弱，困难就变本加厉地折磨你。你勇敢，就可能成功；你懦弱，则肯定会失败。

只有大胆的选择，才能让你从贫困走向富裕，从逆境走向顺境，从失败走向成功。

人生感悟

知道自己来自何方，了解自己去往何处，明白自己向谁倾诉，叙述经历，这样你就不会迷茫。

03　明智的选择，走向成功的必然

我们在处理事情的时候，一定做到心中有数，大事尤其应该如此。天上是不会掉馅饼的，不是每件事都是像你想象的那样，或许背后就暗藏了某种危险。正因为事情是复杂的，所以不能光看表面现象，要深刻分析事物的内在联系，多斟酌利弊，这样做事才能游刃有余。很多人总是一时头脑发

会选择才会有未来

热,盲目地干了一些糊涂事,事后才追悔莫及。所以,在做事以前一定要考虑清楚,到底是利大还是弊大,把每一点都考虑到,这样才不至于后悔。

三国时的刘备就是一个盲目冲动的人,正是因为做事不计后果,最终导致了他的失败。公元221年,刘备称帝不久,命其弟关羽镇守荆州。东吴一直想夺回荆州的土地,于是发动了对关羽的进攻,由于关羽骄傲自大,中了东吴的圈套,最后被东吴俘虏斩首。

刘备闻听这一噩耗,悲痛欲绝,当即决定要举倾国之兵进攻东吴,给关羽报仇。当时蜀国初建,百废待兴,且蜀国最大的敌人是曹操并不是东吴。诸葛亮、赵云等老臣极力劝说刘备暂时不要攻打东吴,本来刘备已经有些犹豫,但此时张飞赶到,斥责刘备忘了桃园结义之情,说自己要亲自为关羽报仇。张飞这一斥责,更加坚定了刘备报仇的决心,他决定起兵攻打东吴,谁再劝说就杀谁的头。

刘备以为自己兵多将广,可以将东吴一举歼灭,可却反中了东吴的圈套,被东吴火烧联营八百里,大败而归,拖着残兵败将狼狈地逃至白帝城。没过几日,刘备承受不住失败的打击和丧失关羽、张飞两位兄弟的悲痛,郁郁而终。蜀国在这次战役中也损失了不少将领和大量兵力,从此一蹶不振,成为三国中最弱小的国家。

很多时候,我们总是喜欢感情用事,但是感情不一定是正确的,很可能只是当时的感觉,如果冷静下来再想,你就会都觉得刚刚的想法太愚蠢了。在做事的时候,理性肯定比感性有用,不要被其他因素干扰,专心地思考这件事本身。

古代有个国王,在他的王国执政已经3年了,还没有发布过一次命令,没有理过一次政事,大臣们都感到不解。朝野上下议论纷纷,有人认为国王平庸无能,不会治理国家;有人认为国王没有治国的能力,但又不知道国王的葫芦里装的是什么药。

一天,一位臣子趁国王高兴的时候,用暗语试探道:"从前有一只鸟飞

到南边的小山上,3年来不展翅,也不鸣叫。在小山上闷着一动不动,一声不吭,这是为什么呢?"

国王幽默地笑了起来,机智地答道:"这只鸟3年不亮翅,是为了专心长羽毛和翅膀;不飞翔不鸣叫,是为了细心观察民情。虽然它现在还没有飞翔,它一旦飞翔就直冲云霄;虽然它3年不鸣叫,一旦鸣叫就一鸣惊人。"

半年后,国王开始大刀阔斧地推行它的政令了,一下子废除了十几种不得民心的政策,杀了一些贪赃枉法的大臣,起用了一些能人。该王国渐渐变得清明,国力日益强大。几年前还乱七八糟的王国,竟被治理得井井有条,成为蓬勃发展的王国。

你一定觉得国王很聪明。是的,国王把自己的才能隐藏起来,不动声色地深入实际,了解情况,最终一鸣惊人。可有些人却不赞成国王的这种做法,他们喜欢"新官上任三把火",在还未了解事实真相的情况下盲目蛮干,横冲直撞,最后却把事情搞得一团糟。

"点火"是很容易的,但关键是要"点"对地方。要想让"大火"焚烧陋习,就需要你先花些时间和精力去找到这些陋习。当然,在了解实情的过程中,需要潜下心来。如果你敲锣打鼓地抓小偷,那肯定抓不到。国王的聪明之处在于:在别人不戒备的情况下,收集到了最真实的资料。然后,在正确的地方放上一把大火,从而取得了良好的效果。这则寓言告诉我

会选择才会有未来

们:在任何情况下,都别在还没有了解真实情况之前就盲目行动。

除了国王值得学习以外,那些在国王"平庸无能"时仍能坚守清廉和爱民的大臣更值得我们学习。在有些时候,你可能会觉得自己的上司在很多方面都表现出能力不足,这时,你该怎么办呢?是和其他同事一样自私、偷懒、抱怨吗?千万不要这样,因为这很可能是上司故意制造的假象,以此来考查下属的忠诚和自制力。最明智的做法是保持自己以往的状态——高昂的工作热情、团结合作的精神和提高绩效的主动性。等到上司了解了真实情况后,你必会获得一个不可多得的发展机会。

我们之所以会冲动地做出一些事后后悔的决定,是因为在当初做决定时受到了一些利益因素的干扰,只看到了自己将得到的一点利益,而没有看清利益背后的危险。当你没有能力达到你想要的结果时,就不要强行去做,要考虑你这样做很可能会导致严重的后果,到时候既让自己受损,也损害了他人的利益。

人生感悟

人的生命是一个灿烂的过程,每个人都是世上的一个过客,要做怎样的过客,那是每个人的选择。

04 行动,让成功成为现实

懒惰的人总是抱怨上天不给他机会,其实是他们没有把握住机会。勤劳的人在机会到来时总是立即行动起来,他们甚至主动寻找机会,主动创造机会。对于勤劳的人来说,行动起来就可以抓住身边的财富。马上

第一章 选择，让你的未来充满光明

行动，不是嘴上行动，而是要付诸实践，要对自己的行动有清晰明了的认识。

有个一贫如洗的年轻人总是想着如何能够摆脱贫穷，但又不想付诸行动，于是他三天两头就到教堂祈祷，而且他的祷告词几乎每次都相同。

（上帝啊，请念在我多年来敬畏您的份上，让我中一次彩票吧！）

第一次他到教堂时，跪在圣坛前，虔诚地低语："上帝啊，请念在我多年来敬畏您的份上，让我中一次彩票吧！"

几天后，他又垂头丧气地回到教堂，同样跪着祈祷："上帝啊，为何不让我中彩？我愿意更谦卑地来服侍您，求您让我中一次彩票吧！"

又过了几天，他再次出现在教堂，同样重复着他的祈祷。如此周而复始，他不间断地祈求着。

到了最后一次，他跪着说："我的上帝，您为什么不垂听我的祈求呢？

11

会选择才会有未来

让我中一次吧！只要一次,让我解决所有困难,我愿终身专心侍奉您。"

就在这时,圣坛上空发出了一阵宏伟庄严的声音:"我一直在垂听你的祷告。可是——最起码,你也应该先去买一张彩票吧!"

现实生活中也许没有如此愚蠢的事,但却有如此愚蠢的人。心中有好的想法却不愿或不敢行动起来,类似的事情在你身上也可能发生。想想你是不是经常渴望成功,却没有为成功做出过一丝一毫的努力?

我们应该懂得,想要成功,光有梦想是不够的,还必须拥有一定要成功的决心,配合确实的行动,并坚持到底。

只有下定决心,历经学习、奋斗、成长这些不断的行动,才有资格摘下成功的甜美果实。

而大多数的人,在开始时都抱有远大的梦想,如同故事中那位祈祷者。但却从未掏腰包真正去"买过一张彩票",缺乏决心与实际行动的梦想,在梦想一个个老去时,他们内心便开始萎缩,种种消极与不可能的思想衍生,甚至就此不敢再有任何梦想,过着随遇而安、乐天知命的平庸生活。

这也是为何成功总是属于少数人的原因。如果你想实现心中的理想,就认真地下定追求到底的决心,并且马上行动。当你养成"想好了就去做"的习惯时,你就掌握了向成功迈进的秘诀。

你工作的能力加上你工作的态度,决定了你的报酬和职位。只有那些想好了就立即行动的人,他们的工作效率才会惊人的高,往往也只有这样的人,才能担任公司最重要的职务。

一旦自己有了想法,就不要给自己退路,说什么"以后还有机会"、"时间还比较充裕",在制定好计划以后你就没有了退路,唯一的选择就是立即行动。成功者必是立即行动者。对于他们来讲,时间就是生命,时间就是机遇。只有立即行动才能挤出比别人更多的时间,比别人提前抓住机遇。

人生感悟

这个世界每天都在变化,今天富有的人明天不一定还是富有的,今天贫穷的人明天也不一定贫穷。命运完全靠自己掌握。

05　命运,握在自己手里才能成功

中国有句谚语:"墙头草两边倒。"很形象地描述了那些没有主见,人云亦云的人。这些人就像那墙头草一样没有根基,风往哪边吹,就往哪边偏,这样的"墙头草"不是被风连根拔起,就是被拦腰吹断。

有这样一则故事:

一个生活平庸的年轻人,对自己的人生没有信心,平时经常去找一些"赛半仙"算命,结果越算越没信心。他听说山上寺庙里有一位禅师很是了得,这天,他便带着对命运的疑问去拜访禅师,他问禅师:"大师,请您告诉我,这个世界上真的有命运吗?"

"有的。"禅师回答。

"哦,这样是不是就说明我命中注定穷困一生呢?"他问。

禅师让这个年轻人伸出他的左手,指着手掌对年轻人说:"你看清楚了吗?这条横线叫做爱情线,这条斜线叫做事业线,另外一条竖线就是生命线。"

然后,禅师让他自己做一个动作,把手慢慢地握起来,握得紧紧的。

禅师问:"你说这几根线在哪里?"

那人迷惑地说:"在我的手里啊!"

"命运呢?"

那人终于恍然大悟,原来命运是掌握在自己手里的。

会选择才会有未来

不管别人怎么跟你说,记住,命运始终掌握在自己的手里,而不是在别人的嘴里!当然,再看看自己的拳头,你还会发现,你的生命线有一部分还留在外面没有被抓住,它又能给你什么启示?命运大部分掌握在自己手里,但还有一部分掌握在"上天"的手里。古往今来,凡成大业者,他们"奋斗"的意义就在于用其一生的努力去换取在"上天"手里的那一部分"命运"。

俗话说:"天下没有免费的午餐。"只有积极进取、努力争夺,才可能获得满意的结果。如果只是一味地等待机会,就如同躺在床上等待小鸟飞到你的手掌心,那么,伴随你的也只有一次次的失望甚至是绝望了。

不要将自己的人生被一个个的套限制住了,别人始终是别人,最了解自己的还是自己。难道你认为,自己想做什么事,希望得到什么东西,别人会比你更清楚吗?我们也不要被他人一两次偶然的言中所迷惑,那只是巧合而已。做个有主见的人,没有任何人能主宰我们,因为命运掌握在我们自己手中!

人生感悟

世事如棋局,而与我们对弈者是一个我们把它称为"命运"的东西。命运时常以对我们不利的姿态出现,需要我们看穿它的动向,并采取征服它的步骤。

06　调整心态，成就大器人生

每个人的一生都会遇到许多困难和挫折,当你面对挫折和打击的时候,是以积极的态度去解决突破,抑或另辟蹊径继续前进,还是选择逃避后退、一蹶不振,甚至自我毁灭,都取决于你的态度。不同态度的人所做出的选择也不同。成功的人会在失败中发现更好的前进方式,而失败的人会在失败后找到充足的理由或借口。

米卢在给中国足球一个精彩礼物的同时,也给所有的中国人送上了一句其意义绝不亚于足球的名言:态度决定一切。

在现实中,许许多多的人虽才华横溢却陷入问题的泥潭无法自拔,其主要原因就是心态有问题。工作之中问题丛生,这是不可回避的现实。一碰到问题,这些人满脑子想的,是最坏的一面,从而挑选最容易的倒退之路。他们总是说:

"这事根本行不通。"

"现在解决这个问题,条件还不成熟。"

"我不行了,还是退却吧。"

这些颓废消极的想法,只会限制你潜能的发挥,根本无益于问题的解决。问题解决不了,你自然与卓有成效无缘了。可见,当一个心态消极的人对自己的能力不抱有期望的时候,就会使解决问题的成功率大打折扣。

成功学家拿破仑·希尔讲过这样一个故事:一个星期六的早晨,一个牧师正在为讲道而伤脑筋,他的太太出去买东西了,外面下着雨,小儿子强尼因无事可做,烦躁不安。牧师决定找点事儿让强尼做,使他安静下来。

他随手拿起一本旧杂志,顺手翻了翻,看到里面有一张色彩鲜艳的巨

会选择才会有未来

幅图画，那是一张世界地图。于是他把这一页撕下来，并把它撕成小片，丢到客厅桌子上，说道："强尼，过来。你把它拼起来，我就给你两元钱。"

牧师心想：这件事至少会让强尼忙上半天。谁知不到十分钟，他的书房就响起了敲门声。小强尼拿着拼好的地图出现在他面前。牧师简直惊讶极了，他怎么也没想到，强尼居然这么快就拼好了。每一片纸都整齐地排在一起，整张地图又恢复了原状。

"强尼，你怎么这么快就拼好了？"牧师问。

"啊，"强尼说，"很简单呀！这张地图的背面有一个人的图画。我先把一张纸放在下面，把人的图画放在上面拼起来，再将一张纸放在排好的图画上，然后翻过来就好了。我想，假使人拼得对，地图也该拼得对才是。"

牧师忍不住笑了起来，给了他一个两美元的钱币。

这个故事给了我们一个深刻的启示:如果你希望成为解决问题的高手,最需要的自然是解决问题的思维智慧。而这个智慧的根源,就是翻转一面,积极地面对问题。强尼因为懂得翻转,使一项原本复杂的工作变得简单,并且很快就把它做好了。有些时候我们不仅要学会把纸翻过来,更重要的是学会把心翻过来。以积极的态度面对问题,所有的问题就像你把"不可能"三个字换成"不,可能"一样简单。

罗宾大学毕业后,如愿地考入当地一家报社当记者。这天,他的上司给他布置了一项艰巨的任务——采访大法官布兰代斯。

第一次接到重要任务,罗宾不是欣喜若狂,而是愁眉苦脸。他想:自己任职的报社又不是当地的一流报社,自己也只是一个名不见经传的小记者,大法官布兰代斯肯定不会接受他的采访。

罗宾思虑再三,决定找个借口推掉这项任务。

上司亚诺德听完他的推脱理由后,并没有批评他,而是拍拍罗宾的肩膀,说:"我很了解你现在的感受。让我来打个比方,这就好比你躲在阴暗的房子里,想到外面的阳光多么的炽热,其实,最简单有效的方法就是积极地面对,跨出第一步。"

亚诺德拿起桌上的电话,与大法官的秘书接通了电话。然后,他直截了当地道出了他的要求:"我是某某报社记者罗宾,我奉命访问法官,不知他今天能否接见我几分钟。"很快,旁边的罗宾听到亚诺德的答话:"谢谢你,1点15分,我准时到。"瞧,就这么简单,亚诺德掂了掂话筒:"明天中午1点15分,你的约会定好了。"

罗宾似有所悟地点着头。

当你以积极的态度开始做某件事情的时候,你的心里会满怀成功的期望,这会对你起到很好的激励作用。即使中途遇到了困难,出现了问题,你依然会对未来充满希望,并能及时采取积极有效的方法修正处理,将损失降到最低。

会选择才会有未来

所以,当问题来临时,而你的态度还不够积极,对解决问题还不够有信心的话,你一定要想尽办法让自己拥有积极的心态,使自己成为问题的"主人"而不是"俘虏"。积极的态度能使我们对前景产生美好的预期,而美好的预期会推动我们人生的进步。当我们的思想中充满更多美好的期望时,我们的行为,生活就会向着更加美好的方向发展。

选择是一种态度,态度决定选择,选择决定命运。

你的选择决定了你将获得的结果。一般来说,如果你的态度是正确积极的,那么你的选择就会是正确积极的,如果你的态度是错误消极的,那么你的选择也会是错误消极的。事实上,态度本身也是一种选择,你可以选择积极的态度,也可以选择消极的态度,选择是你的权利,但选择将决定你的命运。

成也态度,败也态度,成功者与失败者的根本区别就在于态度。正确的态度能成就一个人,同样,错误的态度也能毁灭一个人。

人生感悟

人与人之间本质上的差异其实很小,每个人的命运之所以截然不同,根本的差别就在于态度,正是因为不同的人有不同的态度,才造就了不同的人生。

07　正确选择,成就美好人生

一切抉择都要从自身实际出发。尼采曾经说过:"聪明的人只要能认识自己,便什么也不会失去。"正确认识自己才能信心百倍,精神抖擞;正确认识自己才能选你所选,爱你所爱,不至于让人生的航船迷失方向。

> 你同时坐上去吧。

一位教授的学生问他:"老师,我毕业后是去演讲,还是研究哲学?"

教授没有立即回答学生的提问,他指了指面前的两把椅子,说:"你同时坐上去吧。"

学生照老师的话去做了,结果却坐到了地上。

"老师,我明白了。"学生从地上爬起来后,朝教授深深地鞠了一躬。

就像这位学生一样,盲目只会导致一屁股坐到地上的结果。我们不难发现,那些碌碌无为的平庸之辈,大多都是浑浑噩噩、毫无主见的人,他们的生活从来没有一条主线,总是见异思迁,突然觉得对什么有兴趣就去干什么。反观那些生活中的成功者,他们总是很清楚自己在做什么事,从来不会因为困难而放弃自己的事业。

有个人家养着一条小狗和一头驴。每当主人回来时,小狗总是飞快地迎上去,又是摇尾巴又是亲热地叫唤,主人也总是高兴地抚摸小狗,小狗还伸出舌头温柔地舔舔主人的脸。

驴子看着这一切,心中很是不快,心想:自己整日埋头苦干,活干得多还经常挨打,小狗什么也不干还挺美,看来要想办法与主人联络感情才行。

19

会选择才会有未来

　　拿定主意的驴子等主人进门时也大叫着迎了上去,它把蹄子搭在主人肩上,伸出舌头,主人又惊又怒,使劲把它推开。驴子被重重地摔在地上,又被主人狠狠地打了几鞭子。

　　在组织中每个人的角色都是不同的,文案策划人员就得有新观念、新想法,只有不断地寻找创意才能设计出优秀的作品;而校对人员则需要具备认真和严谨的品质,这样才能找出每一处不妥之处,保证最终作品的完美。如果校对人员也像策划人员一样,浮想联翩、寻找创意,自然无法保证校对质量,又怎么可能得到肯定和赞扬呢?所以,干好适合自己的工作是最重要的,只有把自己的工作做好了,才会得到别人的欣赏和肯定。

　　每个人都有自己独特的才能,所以不要选择那些根本不适合自己的工作来做。勉强改变自己去迎合工作的要求,不仅无益于你在工作上的发挥,还会对你的职业生涯都可能有负面影响。

　　每个组织所拥有的资源是不同的,所擅长的领域也不相同。如果自己的长处在于技术先进却非要挤进以炒作概念为卖点的领域,不但不能迎合顾客的需要,反而还会丢掉自己的优势。做自己擅长的事,这才是成功的关键。

　　正确认识自己,才能使自己充满自信,才能使人生的航船不迷失方向。正确认识自己,知道自己该做什么,才能正确确定人生的奋斗目标。只有有了正确的人生目标,并充满自信,为之奋斗终生,才能获得你想要的成功。

人生感悟

　　越是主动的选择,对选择者来说越不容易,因为他要为这选择的后果负全部的责任。

08　失败，推陈出新的好契机

有一条小河流从遥远的高山上流下来，经过了很多个村庄与森林，最后它来到了一个沙漠。

它想，我已经越过了重重障碍，这次应该也可以越过这个沙漠吧！当它决定越过这个沙漠的时候，它发现它的河水渐渐消失在泥沙当中，它试了一次又一次，总是徒劳无功，于是它灰心了，"也许这样就是我的命运了，我永远也到不了传说中那个浩瀚的大海。"它颓丧地自言自语。

这个时候，四周响起一阵低沉的声音："如果微风可以跨越沙漠，那么河流也可以。"原来这是沙漠发出的声音。

小河流很不服气地回答说："那是因为微风可以飞过沙漠，可是我却不行。"

"因为你坚持你原来的样子，所以你永远也无法跨越这个沙漠。你必须让微风带着你飞过这个沙漠，到你的目的地。只要你愿意改变你现在的样子，让自己蒸发到微风中。"沙漠用低沉的声音这么说。

小河流从来不知道有这样的事情，"放弃我现在的样子，那么不等于是自我毁灭了吗？我怎么知道这是真的？"小河流这么问。

"微风可以把水汽包含在它之中，然后飘过沙漠，到了适当的地点，它就把这些水汽释放出来，于是就变成了雨水。然后这些雨水又会形成河流，继续向前进。"沙漠很有耐心地回答。

"那我还是原来的河流吗？"小河流问。

"可以说是，也可以说不是。"沙漠回答，"不管你是一条河流或是看不见的水蒸气，你内在的本质从来没有改变。你会坚持你是一条河流，是

会选择才会有未来

因为你从来不知道自己内在的本质。"

此时小河流的心中，隐隐约约地想起了似乎自己在变成河流之前，似乎也是由微风带着自己，飞到内陆某座高山的半山腰，然后变成雨水落下，才变成今日的河流。

于是小河流终于鼓起勇气，投入微风张开的双臂，消失在微风中，让微风带着它，奔向它生命中的归宿。

有的人害怕失败，害怕因为不可预知的前景而不肯迈步，害怕失去苦心经营的成果，却忘记了自己生来本是一无所有的。还有的人因为太顾及眼前的利益得失，因此形成了一种惰性。不求有功，但求无过，凡事能拖则拖，能按照旧方法就别尝试新方法，能少做就不多做。

想想看，最坏的结局是什么？就算全盘皆输，你剩下的还有自己的能力、知识和勇气,大不了回到从前,从头再来。宁可做错,不可不做。我们要有改变自我的勇气才可能跨越生命中的障碍,取得新的突破。

人生感悟

一个为失去钱财和类似东西而悲伤的人,和一个为他自己不是一个天使、一颗星星或其他不可能的东西而悲伤的人是没有区别的。

09 变通,踏上成功的阶梯

有人羡慕孙悟空的"七十二变",不愿意每分钟都固定不动。"七十二变"确实很厉害,但是怎么也敌不过稳如泰山的如来佛;有的人追求飞蛾扑火的壮烈,以为那是一种执著的美。扑火的一瞬间,飞蛾毅然决然,但终究还是化为灰烬。

世俗的生活中,我们每时每刻都会遇到很多难题,是执著的坚持,还是适时的变通,取决于我们怎样选择。

执著和变通并不矛盾。执著是指面对一个方向坚持走下去,而变通则是灵活应变,随时改变方向。这两个词似乎是反义词,但是,矛盾总是统一的,并可以在一定条件下相互转化。每当面临困难时,我们要选准一个方向,执著地去搜寻解决的方法。如果不见效果,那么我们就应该反思,是不是我们的方向错了,这就要开动脑筋变通一下,重新确定方向再坚持不懈,直到解决困难为止。执著不意味着一条路走到黑,直到撞到南墙,而是需要变通的时候适当地变通。

两个人进山洞寻宝,但是迷了路。后来干粮快吃完了,只剩下了一支

会选择才会有未来

手电筒。第一个人起了坏心眼,夺走了余下的干粮和那支手电筒,离开了第二个人。山洞中漆黑无比,第二个人每走一步,因为没有了手电筒,都有可能摔倒。但是也正因为没有手电筒,使第二个人的眼睛对光亮异常敏感,最后他终于爬出了山洞。而第一个人吃光了干粮,拿着手电筒搜寻出口,怎么也找不到洞口,最后终于饿死在山洞里。

这虽然只是一个小故事,但是从中我们却可以看出许多道理。在通常情况下,一般人在黑暗之中行进都需要光亮,但是第二个人却因为没有手电筒而走出山洞,这就是变通的表现。但是,如果第二个人缺少了执著搜寻的信念和坚持不懈的努力,也是不能爬出山洞的。

现代社会是个瞬息万变的世界,你永远不知道下一秒钟会发生什么变化,产生什么新情况,所以我们就必须具有临危不惧的头脑和以静制动的思维,不能随波逐流,飘摇不定。不过,我们也必须具备随机应变的能力和灵活作战的方式,只有这样才能不被淘汰。

人的一生少不了一种叫做执著的精神,或者说是一种信念,但是现实生活世界的纷繁复杂和多变让我们意识到:其实机智灵活的变通往往比执著更能获得"完美"。

适时的变通往往需要一种灵活而又迅速地转变,来一个对规则束缚的挣脱,否则如果我们一味地钻入"执著"的套子,结果陷入其中,不能自拔,就会被称为是"钻特殊牛角尖的英雄人物"。所以,这就要求我们要真正地放下包袱,开阔思维,寻找多种渠道和方法来解决问题,或许你会从中得到不用劳神费力、盲目执著蛮干的意外收获。

譬如"愚公移山"的故事,人们往往会称赞愚公的坚持不懈、执著不屈的精神。这种精神固然是可贵的,是战胜困难所必备的,但如果我们突破思维规则的束缚,再来谈论一下愚公的举动,或许你就会发现,其实愚公的做法也是一种很"傻"的办法。出动全家大小、男女老幼进行移山,那经济来源何以取之呢?与其用微乎其微的力量来"搬"山,倒不如开辟一条旅游的通道出来,在山上建一些"风景",岂不更好?所以当执著真正地植入人的思想、生活和社会,就需要我们用思维和理智另辟一条新路来。

如果缺少了变通,一味地执著,也可称这种行为是蛮干。这种"执著"往往使人身陷困境并湮没于困境,对国家和社会生活也会造成不可估量的损失。

在生命的长途中,既有平坦的大道,也有崎岖的小路;既有春光明媚万紫千红,也有寒风凛凛万木枯萎。在生命的寒冬里,我们需要执著,然而当面前就是万丈深渊的时候,还固执前行就意味着死亡。所谓的变通就是:一指间的距离却让你获得生命。

一个林场主从父亲那里继承了大片的林场,每天驾车穿梭于林场中,他都万分欣喜地看着这些能给他带来大笔财富的森林。然而,一场无情的大火把一棵棵百年树木变成了焦木。他失魂落魄地走在街上,发现许多人排队购买木炭取暖。他灵机一动,把焦木加工成木炭销售,结果发了大财。

聪明的林场主在苦心经营的林场成为焦木时,没有盲目地执著种树,而是利用焦木获得大量财富,这一指间的变通让他重获财富。

变通能带来成功,转机能给人以新生。这是我们都知道的道理。"变

会选择才会有未来

则通,通则久。""历史是不断运动变化发展的,我们要用发展的观点看问题,使思想和实际相符合。"这是马克思的辩证法给我们的科学真理。

商鞅二次变法为秦统一奠定了基础;唐太宗、唐玄宗的变法改革于是有了贞观之治,有了开元盛世;日本的明治维新使日本迅速发展。而清朝的闭关锁国、固步自封则使清朝严重落后于世界历史的潮流,造成中国沦为半殖民地半封建社会,造成了大量财产被帝国主义侵占,造成了中国人民的屈辱史和血泪史。

因此,人的一生不能缺少执著,更不能缺少变通;只有突破思维的束缚,我们才能正确地看待和评价事物的是与非,才能在理想的道路上执著而又灵活平稳地前进。当我们真正地将"变通"和"执著"融合,真正获得思维的解放,或许我们会得到更多。

人生感悟

一个人需要变通来获得成功,一个企业需要变通来获得效益,一个民族需要变通来获得发展。变通就在你不经意的一瞬间,就是一指间的距离。变通会让你看到柳暗花明。

第二章

选对科学方法,让你在职场昂首阔步

　　人生最大的快乐莫过于,你想到的事情都能做得到,也就是心想事成。一个人挣再多的钱都不可能得到持续永久的快乐,一个人拥有再多的财富都不可能永远幸福,要想持续快乐幸福只有一个办法:就是选择做你喜欢的事,做你想做的人。

会选择才会有未来

01　选择喜欢工作，享受工作快乐

淡泊的人生是一种享受，一个完美的人生，不见得要赚很多的钱，也不见得要有很了不起的成就，在一份简朴平淡的生活中，活得快乐而自在，也是一种人生境界。活得有兴趣，让自己在工作中享受着自己的乐趣，而不是充满着抱怨。

约翰在法国中西部长大，父母靠经营果园把约翰养育成人，这种一年到头辛勤耕作、劳碌的农家生活，无疑对约翰日后的自我要求及情绪转换影响深远。如果约翰没有把事情做完，他会觉得怠惰、沮丧，有罪恶感。可是不论约翰做了多少，心里老是有股力量驱使他去完成更多的事。于是，约翰对自己的实际工作感到压力重重、精神透支且枯燥乏味。

长大以后，约翰对工作的态度就是不断地保持生命力，约翰太太对于约翰能在一天内完成许多事情感到惊讶不已。约翰可以在几小时内就把屋里打扫干净，用一个上午写好一份工作报告，花一天时间播下所有花种，但心里却觉得索然无味。而且约翰只要一坐下来放松心情便觉得罪恶惶恐，会一直想着总还有件事没做好，这种念头一直持续到一日终了。

对约翰而言，生命中最艰难的挑战便是呆坐。

一直以来，约翰的大脑一直不停地思考转动，因此坐在海边体验一切，看看美丽的海浪、嗅嗅清凉的海风、听听动人的海涛，对约翰来说都是新尝试。约翰一直害怕如果自己不能加快脚步，就会变得懒惰而无法做好任何一件事。这种想法让约翰沮丧极了，所以他总是让自己忙得像陀螺一样团团转，只有在划掉工作表上已完成的事项后才会觉得有一丝轻松。于是，约翰报名参加了一个心理培训班。起初的两个星期，约翰对上

● **第二章** 选对科学方法，让你在职场昂首阔步

课内容有一箩筐的问题，约翰是想借此学到更多咨询方面的新观念和方法，但糟糕的是，约翰尚未找到其中要诀，而课程指导员却总是告诉约翰只要放松心情专注倾听就可以了。

"下午放自己一个假，到海边去吧！"课程指导员说。约翰对他的动机十分怀疑，要约翰一整个下午待在海边，那种不做事的感觉多让人害怕啊！

约翰以前从来没有过这种经验，于是和课程指导员据理力争，因为只剩下一个星期了，约翰不觉得还有时间浪费，难道不应该更努力一点吗？去海边做什么？

可是约翰又想到，到海边走走又不会让他少掉一块肉，还可以享受假期！或许课程指导员是对的，约翰觉得自己可能真该学学如何放慢脚步。

第二天，约翰和妻子一起漫步海边，感到快乐无比。但过了一两个小

会选择才会有未来

时,约翰的焦虑就开始出现。无论觉得有多不舒服,约翰知道必须秉持信念,而且得相信课程指导员告诉他如何放松心情的那一套。

当晚,约翰睡得很沉,半夜3点约翰从梦中惊醒,顿时恍然大悟。

"亲爱的,快起来。"约翰边说边把妻子摇醒,"我想通了!我终于明白他说的是怎么一回事了。"这是约翰第一次清楚地知道顺其自然和不去强求意念。原来在睡眠中,心情放松了,理解得来全不费工夫。这一切看来真是太简单、太不可置信。

约翰回到明尼苏达州,日子又和以前一样,可是那晚触动心灵的感觉却依然持续着。

有个星期六,约翰又忙着做事,因为这件事非常急,于是约翰停下来,做了个深呼吸,找到头绪。约翰告诉自己,或许该试试这个方式,看看是否真的可行——在心情放松的情况下把每件事做好,而非处于以往紧张高压的环境。

约翰带着这种新想法过了一天,只要一发现自己的紧张,心里便很清楚地告诉自己该停下来休息一下。当然,一天结束后,工作比预期进行的速度还要快。更让人吃惊的是,这一整天约翰都很快乐,无论是工作还是休息,一点也不觉得累。

好的工作状态能使我们对工作不厌烦。我们应该在工作中及时调节心情,以乐观的心态看待每一天所要完成的工作,这样才能从工作中找到乐趣,寻得快乐。如果对工作依然存在着抱怨、消极的态度,那么热情和创造力就无法被最大限度地激发出来,也很难取得事业上的成功。

人生感悟

当你开始喜欢你的工作时,工作将成为你增添生命味道的食盐。你必须爱它,它才能给予你最大的恩惠并使你获得最大的成果。

02 选择高效工作，才能平步青云

比尔·盖茨说过这样的话："过去，只有适者能够生存；今天，只有最快处理完事务的人能够生存。"

所谓"在商言商"，公司不是慈善机构，老板也不是具有菩萨心肠的慈善家，他的最主要的目的，就是获得赢利，使生意越做越大，这是根本。老板雇佣你就是为了达到自己的这一目的。要达到这一目的，除忠诚以外，更大程度上还需要你做好业务，对公司的发展有价值。

如果你一味地抱着"尽忠职守"不放，不创造利润，即使你忠贞不渝，永不变心，老板也会变心。相反，不太会迁就人的老板，必定会对业绩良好者做出各种妥协，因为他不会傻到跟自己的钱包斗气。所以在开展工作的每个阶段中，你必须把努力的目标放在如何提高工作绩效上。单做一个听话的员工，是无法达到优秀绩效的。

成功学家拿破仑·希尔曾聘用两名年轻女孩当助手，替他拆阅、分类信件，薪水与相关工作的人员相同。两个女孩都忠心耿耿，但其中一个虽忠心有余，却粗心、懒惰，能力不足，就连分内之事也不能做好，结果很快就遭解雇。

另外一个女孩却除了本职工作以外还常不计报酬地干一些并非自己分内的工作——譬如，替老板给读者回信等等。她认真研究成功学家的语言风格，以至于将这些回信和老板自己写得一样好，有时甚至更好。她一直坚持这样做，并不在意老板是否注意到自己的努力。终于有一天，成功学家的秘书因故辞职，在挑选合适人选时，成功学家自然而然地想到了这个女孩。

会选择才会有未来

故事并没有结束。这位女孩能力如此优秀,引起了更多人的关注,其他公司纷纷提供更好的职位邀请她加盟。为了挽留她,成功学家多次提高她的薪水,与当一名普通速记员时相比,女孩现在的薪水已经是当初的4倍。尽管如此,成功学家仍深感"物超所值",其出色的业绩远非提高4倍的薪水所能匹配的。

出色的业绩绝不是你口头上说说就能得到的。要吃樱桃先栽树,要想收获先付出。出色的业绩需要你在工作的每一个阶段,都能找出更有效率、更经济的方法。

有一家知名的企业,市场营销部主管被提升后,就空出了这一主管的职位。老板就让原来的主管从市场部的营销人员中,推荐出一名适合当主管的人才来。于是,这名老主管就推荐了两名备选员工,他对老板说我觉得他们两个都很优秀,都很合适当主管,至于哪个更合适,希望总经理考查后再决定。

于是老板就对这两名优秀的营销人员做了明察暗访,发现他俩的能力极其相近,难分伯仲。究竟哪个更合适当主管,老板一时拿不定主意。一天,正坐在办公室里休息的老板突发灵感,他分别同时叫这两名营销人员到他的办公室来。老板放下手中的电话后,对着钟表计算时间,结果他发现,那两名营销员从同一个办公室里走到他的办公室里,一位用了70秒钟,另一位则用了100秒钟。于是,老板立刻决定,让前者担任主管。

而另一名营销员则仅仅因为这短短的30秒时间,就没理由地败在了同事的手下。

走路的速度也是效率的一个明显的体现,在许多的道路上,那些走路很慢的人往往会被一些走路特别快的人所赶上,而这些走路特别快的人则是衣着非常的整洁,事业比较好,是那些白领阶层和经理之类的;相反,那些走路缓慢,不疾不缓的,除一些老人外,大都是工作事业成绩并不令人看好的人。确实,人们生活的节奏越来越快了,工作的效率也越来越高,就连我们每个人匆匆行走的脚步,不知不觉地也和奔向成功的快慢迟早有千丝万缕的联系。

一名优秀的员工,的确应重视工作成果,但同时更应看重成果的"质量"。坦坦荡荡的工作成果才是一个人优秀的真正王牌。不正当手段得来的业绩,只会让你得不偿失。

范玉口齿伶俐、活泼可爱,做业务是一把好手,到公司不久就有了一般新人没有的客户网和业绩,这让上个月没完成工作指标的文文深感嫉妒。

一天,范玉去广州出差,文文知道后灵机一动,请求范玉也带她去,到那里散散心。范玉一口答应了,并热情地说:"反正我一个人也是住标准间,两张床,不如你和我住在一起吧。这样,你只用付个车费,报销不了,损失也不大。"

到了广州,文文推说自己身体不舒服,整天待在宾馆里,范玉打电话她就在旁边听着。范玉心里虽觉得挺别扭,但也没往更深处想。第三天,范玉便敲定了一个大客户,电话里约定晚上在广州某酒家签合同。打完电话,范玉把手机放在桌上,高高兴兴地冲澡去了。出来后,她发现文文出去了。晚7点钟,范玉准时赶到签约地点,白白等了近30分钟,也没见到客户的影子。着急之余,范玉打电话过去,对方说:"咦,我刚跟你们文小姐签完合同。她说是你的主管,还给我看了你们在公司的合影。"

会选择才会有未来

范玉听后如遭雷击。

回到宾馆，面对范玉的质问，文文却面不改色地说："干我们这行，能抓到客户就是好猫。"无奈的范玉痛定思痛，继续与客户保持联系。而文文因为怕接触太多会露馅，签约之后，再也不敢与客户见面。

没想到在签约后不久，该客户就大驾光临文文的公司。在与公司老总会谈时，点名要见见文主管手下的范玉。

"文主管？"老总很是纳闷。

该客户便说了一下签约的过程。其间，对范玉的工作能力赞赏有加。

真相浮出了水面。客户回去后，老板立即辞退了"文主管"，然后当着全体员工的面，充分肯定了范玉的工作能力。

美国总统林肯说过："一个人有可能在某一个时刻欺骗某一个人或所有人，但绝不可能在所有时候欺骗所有人。"俗话说："人非圣贤，孰能无过。"不管在工作还是生活中，谁都有犯错误的时候。工作上的偶尔失误，或者个人能力上的欠缺，都不是什么原则性的大错，都是可以原谅并能给予弥补的。失误可以纠正，能力可以通过努力得以提高。然而，我们千万要记住：有些原则性的错误是犯不得，不能犯，也是无法弥补的。

人生感悟

坦坦荡荡的工作成果才是一个人优秀的真正王牌，不正当手段得来的业绩，只会让你得不偿失。

03 选择合作共赢，成功水到渠成

俗话说"一个和尚挑水喝，两个和尚抬水喝，三个和尚没水喝。一只

蚂蚁来搬米,搬来搬去搬不起,两只蚂蚁来搬米,身体晃来又晃去,三只蚂蚁来搬米,轻轻抬着进洞里。"由"三个和尚"组成的团队与"三只蚂蚁"构成的团队在行动时出现了两个截然相反的结果。

"三个和尚"因为彼此相互推诿、不讲协作,所以没水喝;而"三只蚂蚁来搬米"之所以能"轻轻抬着搬洞里",正是团队协作的结果。

在广袤的非洲大草原上,三只小狼狗一同围追一匹大斑马,面对着身材高大的斑马,三只两尺多长的小狼狗一拥而上,一条小狼狗咬住斑马的尾巴,一只小狼狗咬住斑马的鼻子,无论斑马怎么挣扎反抗,这两只小狼狗都死死咬住不放,当斑马前后受敌、疼痛难忍时,一只小狼狗就开始啃它的腿,终于,斑马支撑不住倒在了地上。一匹大斑马就这样被三只小狼狗吃掉了。

这三只小狼狗之所以能够击败大斑马,不仅仅由于它们自身的优秀,还在于它们组成了一支优秀的团队,并相互分工协作,致力于共同的目标。

团队精神就是体现着集体意识、协同合作和服务引导的精神。团队精神要求各个成员都有一个共同的目标,并为之奋斗,需要有统一的价值观、信息来源,强调要有正确而能聚散人心的企业文化的支撑。团队精神强调的是组织内部成员间的合作态度,为了一个统一的目标,成员自觉地认同肩负的责任,并愿意为此目标共同奉献。

会选择才会有未来

当然,这不是对个人成绩的全盘否定。个人的成绩也不能忽视,只不过相对来说,团队的表现更为重要,如果团队没能取得好成绩,个人表现再好也于事无补,毫无意义。当你加入一个团队,就好比上了一条船,如果你没有融入团队,不专注于整个团体的工作和绩效,那么团队这条船也许就不能顺利、安全地到达彼岸。因此,你在努力工作的时候,必须专注于整个团队的任务及其成绩,而不仅仅是某段时间里自己负责的一小部分工作。

然而,许多员工即使被告知自己是团队的一员,也还是对自己所在团队的工作漠不关心。在工作中,依旧将注意力放在自己的个人表现上,而不是去考虑自己的行为是否对团队绩效的提高有所促进,有些人甚至不知道自己的工作在整体任务中有什么作用。这也是为什么有些员工在加入团体后,其行为却经常不能体现企业最高利益的原因。

一头狮子和一只狐狸合作,狐狸负责发现食物,狮子负责捕杀食物。得到的食物两人分享,这样它们就都饿不着了。

但过了不久,狐狸心里就不平衡起来,心想"没有我去发现食物,我们怎么能得到食物呢?狮子凭什么要分享那么多?"于是,它离开了狮子。第二天,狐狸去羊圈抓羊时,被猎人抓住了。

狐狸在与狮子组成的团队中的确起着相当重要的作用,如果没有狐狸发现食物,它们当然就得不到食物。但是如果没有狮子去捕杀猎物的话,它们不是照样吃不到食物吗?

有些时候你可能也会愤愤不平:"在这个团队里我所负责的工作是相当重要的,如果没有我把所有的报表设计出来并填写完整,其他人根本无法继续下面的工作。"但这并不能成为你邀功的资本。如果以此为由离开团队,更是愚蠢。

在现代社会中,一个人、一个部门,甚至一个企业不可能高效率地完成所有工作。只有在各个环节上具有优势和特长的人、团队、部门、企业,分工合作,各司其职,各尽所能,才能更快更好地完成工作,使每个人、团队、部门、企业的才能得到最大限度的发挥,从而得到更多的利益。如果离开了团队或战略同盟,不但无法获得更多的利益,相反还可能像寓言中的狐狸一样,落得被猎人抓住的下场。

所以任何人要想获得成功就必须具有团队意识。只有团队获得成功,个人才有可能获得成功。个人英雄主义已经不再适应这个时代,要想事业成功首先就要选择一个真正适合自己的团队,然后尽最大可能完成自己的工作并密切配合别人的工作,最后在团队成功的同时展示自己,为自己谋求更多的发展机会。同样的,任何一个团队或者部门要想成功就必须服从整体利益,团结合作;任何一个企业必须与其他企业结成战略同盟,共同发展,这样才会获得更加长远的未来。

你要想扮演好自己在团队中的角色,首先必须对团队的内涵形成一个正确的认识。确切地讲,团队就是指由两个以上具备互补知识与技能的人所组成的具有共同目标和具体的、可衡量的绩效目标的群体,团队成员为达到共同的团队目标相互负责、彼此依赖。面对整个群体,任何一个团队成员都不能独断专行,决定干什么和怎样干,但也不能变成团队"命令"下的"应声虫"。

在一个团队中,每个成员的优缺点都不尽相同,你应积极寻找团队中其他成员的优秀品质,并且向其学习,使自己的缺点和消极品质,在团体合作中减少以至消失。在提升自己的同时,也提升团队成员之间合作的默契程度,进而提升团队执行力。团队强调的是协同工作,较少有命令和指示,所以团队的工作气氛很重要,它直接影响团队的工作效率。如果你积极寻找其他成员的积极品质,那么你与团队的协作就会变得更加顺。你自身工作效率的提高,也会使团队整体的工作效率得到提高。

在竞争激烈的年代,组织中的每个成员,若想把工作做好,想获得成功,首先就要有团队精神,想方设法尽快融入一个团队,了解并熟悉这个

会选择才会有未来

团队的文化和规章制度，接受并认同这个团队的价值观念，在团队中找到自己的位置，履行自己的职责。融入团队的优秀员工，在追求自身效益最大化的过程中，最终追求的应是团队整体合力和最佳整体效益。积极地培养自己的团队协作精神吧，在团队中感染积极的气氛，让自己在团队中得到成长，从而使你的事业蒸蒸日上，你的工作将会更加优秀！

人生感悟

一个人的成功在某种意义上取决于他是否善于合作。一个人再能干，也难以独自完成所有的事，团队合作的力量无限大。

04 选择主动工作，成为卓越人才

在《圣经》中记载有这样一则故事：

从前，有一个严厉的主人要到外国去，临行前他将仆人们叫到跟前，按着各人的才干给了他们一笔银子。一个给了5000塔拉（古犹太银币单位），一个给了2000塔拉，一个给了1000塔拉，随后主人便出国去了。

那个领5000塔拉的仆人，把这笔钱拿去做买卖，另外赚了5000塔拉；那个领2000塔拉的也照样赚了2000塔拉。但那个领了1000塔拉的仆人却挖了个洞，把钱藏了起来。

过了许久，主人回来了，那个领5000塔拉的仆人带着赚来的5000塔拉，说："主人，您交给我5000塔拉，请看，我又赚了5000塔拉。"主人很高兴，让他一同坐下享乐。

那个拿2000塔拉的仆人也同样献上赚来的钱，获得了主人的嘉许。

第二章 选对科学方法，让你在职场昂首阔步

最后那个仆人上前说："主人啊，我知道您是很严厉的人，我就害怕把钱弄丢，于是把您交给我的1000塔拉埋藏起来。请看，您原来的银子还在这里，分毫不少。"

主人道："你这又笨又懒的仆人，既然知道我是严厉的人，至少应当把我的银币放到银行里，等到我回来时，可以连本带利收回来，怎可将银币埋藏起来？"

主人大怒，吩咐仆人夺过他手中的1000塔拉，交给那个有1万塔拉的仆人，同时道："凡有的，还要加给他，叫他有余；没有的，连他所有的也要夺过来。"

优秀员工就是那"有余"的人。从表面上看，他们比平庸者拥有"有余"的智慧、能力和机遇，但实际情况是，他们之所以拥有这种"有余"，是因为他们能在没有"主人"命令的情况下，主动把5000塔拉变成1万塔拉，主动挖掘自身的潜能，从而慢慢拉开了与平庸者的距离。

"我要做"就是不用别人告诉你，你都可以出色地完成工作，这也是优秀员工之所以优秀、之所以绩效高的最根本原因。

比尔在一家商店工作时，一直自我感觉很好，因为他总能很快做完老板布置的任务。一天，老板让比尔把顾客的购物款记录下来，比尔很快就做完了，然后便与别的同事闲聊。这时老板走了过来，扫视了一下周围，然后看了一眼比尔，接下来老板一语不发地开始整理那批已经订出的货物，然后又把柜台和购物车清理干净。

这件事深深震动了比尔，他瞬间发现自己一直以来是多么的愚蠢，他明白了一个人不仅要做好本职工作，还应该主动地再多做一些，哪怕老板没要求你这么做。这一观念的改变，使比尔更加努力地工作，他由此学到了更多的东西，工作能力突飞猛进，最终比尔被提拔为公司副总。

有很多人，上司吩咐他做什么他才做什么，上司没有吩咐，他就不知所措，甚至干脆什么也不做了。"要我做"成为这种人工作的前提。而"我

39

会选择才会有未来

要做"的那类人,心明眼亮,懂得什么应该做,什么不应该做。应该做的,他会主动去做。上司想到的他就做到了,因而赢得上司的赏识,成为团队中不可或缺的一员。

"我要做"代表的是一种主动精神,它会使人超越平凡,成就卓越。

"我要做"意味着"积极主动",这样的人反应更敏锐,做事更理智,更能切合实际并掌握问题的症结所在,因为只有抓住了问题的症结所在,并积极主动,才能取得好的结果。

"我要做"不是一句口号,而要落实到行动上,要贯穿于工作的始终,贯穿于每一个细节中。怎样才能做好呢?

1. 主动熟悉公司的一切

熟悉公司的一切是做好工作的基础,它主要包括公司目标、使命、组织结构、销售方式、经营方针、工作作风……主动使自己像老板一样了解所在的公司,可让你在今后的工作过程中采取的行动更准确,效果更出色。

2. 不等待命令

如果你习惯于"等待命令",首先,就会从思想上缺乏工作积极性而降低工作效率;其次,你还会养成"有所为而为"的工作态度,或者只做你喜欢的工作。一个人一旦被这些不良思想左右,任何时候他都很难要求自己主动去做事。即使是被交代甚至是一再交代的工作,他也会想方设法去拖延、敷衍。事实表明,"等待命令"是对自己潜能的"画地为牢",从一开始就注定了平庸的结局。

3. 工作时不要闲下来

工作中不让自己闲下来,主动找点事做,你就能更加完善自己,在工作中提高自己的工作能力。优秀的员工每当完成一项工作时,总去翻工作日记,问自己是否所有的目标都已达到?有什么项目需要加上去?还需要向别人学习什么,以使自己的工作能力得到扩大和充实?总之在任何闲暇的时候主动出去,你就能争取到更多的机会,不断提高自己的经验和能力。

4. 主动做分外的事

许多著名的大公司管理层认为,一个优秀的工作者所表现出来的主动性,不仅仅是能坚持自己的想法或项目,并主动完成它,还应该主动承担自己工作以外的责任。

5. 主动提建议

也许你的老板或同事的某种处理事务的方式的效率不高,而他本人并未察觉或不知如何改进。这时,如果你有好的主意,就应该主动地提出来。主动提出合理化的建议,不但可以为你赢得好人缘,更有利于你与同事的合作,提高工作效率,进而推动整个组织绩效的提高。要做到这一点,你必须主动了解和学习公司业务运作的经济原理,为什么公司业务会这样运作?公司的业务模式是什么?如何才能盈利?主动关注整个市场

会选择才会有未来

动态,分析竞争对手的错误症结,可以避免思维的固化,从而提高你的工作能力。

把"要我做"变成"我要做",有了主动的选择意识,你工作的主动性、积极性就大大地提高了。人在职场,总是要努力工作的,其实,有时候,换个思路,工作会更好,更有效率。

人生感悟

"我要做"会使你从平凡走向卓越,"要我做"使你只能一生平庸。

05 选择忠诚,让自己脱颖而出

忠诚是每个优秀员工所应具有的最基本的美德,或者称为素质。它魅力无穷,能使员工更快地与公司融合,是优秀员工高效完成任务的优势和前提。一名敬业的员工,必然会尽忠职守,努力做好自己的本职工作。因为在这样的员工看来,就算是再平凡的工作,也承载着伟大的使命与责任。因此,当工作分派到自己头上的时候,他们会竭尽所能把工作做好,绝不会玩忽职守。

在一项对世界著名企业家的调查中,当问到"您认为员工最应具备的品质是什么"时,他们几乎无一例外地选择了"忠诚"。他们一致认为,那种既忠诚又有很强工作能力的员工是自己最为心仪的得力助手。事实表明,员工的忠诚不但能够让老板拥有一种事业上的成就感,增强老板的自信心,还能进一步增强公司的凝聚力和竞争力,使公司在变幻莫测的市场中更好地立足。更为关键的是,忠诚可以提高一个人的执行能力,只有对公司忠诚的人才会对所要完成的任务投入足够高的热情,才会不畏困难,战胜挫折,完成任务。所以,最受老板欢迎的金牌员工必是能"把信亲自交给加西亚"的人。

忠诚是一种力量,只有对公司忠诚,才能把工作当做自己分内的事,不计回报地付出自己的工作热情,付出精力和时间。当一个人把工作当成一种分内事,使忠诚成为一种习惯时,他必然会具有自动自发的工作精神,不用别人交代,主动去完成自己应该完成的事。不但如此,他还会自觉自律,不管老板是否在身边,总能自觉地保持高效率和工作热情。

作为一名公司员工,如果你能忠诚于你的公司,忠诚于你的工作,对工作有一颗责任心,那么你就会很容易成功。因为你的努力和孜孜不倦的勤奋工作,公司才会有现在的光辉业绩。作为领导,首先赏识的自然而言就是你了。你拿一颗真诚的心来为公司服务,反过来,公司也会用同样的方式来回报你。你能得到上级的欣赏,这样你就会脱颖而出了。

几乎所有的人都说刚刚加入公司的舒宁傻。舒宁在两个月前是作为一名推销员被招聘进来的。尽管试用期的工资不高,可他却从不抱怨。与他一起进公司的几个人每天不是发着牢骚、硬着头皮去完成销售定额,就是上网闲逛。舒宁从不这样,他每天早出晚归,跑市场、拉客户,一有时间就和客户谈论公司的前途和美好的未来。他关心客户,因为他觉得能否使客户满意,对于公司业务的拓展和巩固市场地位具有重要意义。他会适时地给客户一份小礼物,及时地解决客户提出的一切问题——尽管有些问题很难解决,但他还是积极地争取做到使客户满意。人们都认为舒宁这样做已经超出了推销员的本职工作,都笑他蛮干、傻干。舒宁却毫不在意,依旧积极热情地去做。很快,舒宁的高效率——连续几个月位居公司销售额的榜首——引起了老板的注意,并破格提拔他为销售主管。舒宁上任的第一天就把所有的销售员召集在一起,他说:"很多人问我何

会选择才会有未来

以只用7个月的时间就做到了主管的位置上,现在我告诉你们,那就是忠诚。可能你们会觉得这是老掉牙的论调,但是请记住,营销的成功靠的是心灵的力量,而忠诚就是这一力量的源头。"

出色的业绩离不开忠诚的扶助,就像鱼儿离不开水一样自然。正如牧师弗兰克·格兰先生所说:"假如你对他人很忠诚,你可能会受到欺骗,但如果你从不忠诚,那么你的生活将会无比痛苦。"可惜的是很多人都丢弃了这么珍贵的告诫。当他们看到别人因阴险狡诈而侥幸获得了一点点好处时,就彻底抛弃了对"你的生活将会无比痛苦"的恐惧。他们在工作上投机取巧,不全心全意地对待工作,在执行任务时想着怎样才能蒙混过关,当工作遇到阻碍时他们往往兴奋无比——而不是想办法解决。"终于有理由停下来了!"当他们抱着这种态度去工作时,可以想象他们的业绩会多糟糕。

忠诚是一种高贵的品质,它似乎是一笔与成就无关的投资,但当我们付出忠诚,真正把工作当成一种必需和分内事来做的话,我们往往能够获得高额的回报。忠诚并不是为了增加回报的砝码,但最终却使你的执行力得到了提高,使你顺利地实现了由平凡到优秀、由优秀到卓越的晋升,就像"无心插柳柳成荫"一样。

麦克到一家钢铁公司工作还不到一个月,就发现很多炼铁的矿石并没有得到完全充分的冶炼,一些矿石中还残留着没有被冶炼的铁。如果这样下去,公司岂不是会有很大的损失?于是,他找到了负责这项工作的工人,向他说明了问题。这位工人说:"如果技术有了问题,工程师一定会跟我说,现在还没有哪一位工程师向我说明这个问题,就说明现在没有问题。"麦克又找到了负责技术的工程师,对工程师说明了他看到的问题。工程师很自信地说:"我们的技术是世界上一流的,怎么可能会有这样的问题?"工程师并没有把他说的看成是一个很大的问题,还暗自认为,一个刚刚毕业的大学生,能明白多少,不过是因为想博得别人的好感而表现自已罢了。

但是麦克认为这是个很大的问题,于是拿着没有冶炼好的矿石找到了公司负责技术的总工程师。他说"先生,我认为这是一块没有冶炼好的矿石,您认为呢?"

总工程师看了一眼,说:"没错,年轻人你说得对。请问,你哪来的矿石?"麦克说:"是我们公司的。"

"怎么会?我们公司的技术是一流的,怎么可能会有这样的问题?"总工程师很诧异。

"工程师也这么说,但事实确实如此。"麦克坚持道。

"看来是出问题了。怎么没有人向我反映?"总工程师有些发火了。

总工程师召集负责技术的工程师来到车间,果然发现了一些冶炼并不充分的矿石。经过检查发现,原来是监测机器的某个零件出现了问题,才导致了冶炼的不充分。

公司的总经理知道了这件事之后,不但奖励了麦克,而且还晋升他为负责技术监督的工程师。总经理不无感慨地说:"我们公司并不缺少工程师,但缺少的是负责任的工程师。这么多工程师就没有一个人发现问题,并且有人提出了问题,他们还不以为然。对于一个企业来讲,人才是重要的,但是更重要的是真正有责任感和忠诚于公司的人才。"

会选择才会有未来

麦克从一个刚刚毕业的大学生到一个负责技术监督的工程师,可以说是一个很大的飞跃,是忠诚让他起飞了。他的忠诚让领导认为他可以担当大任,对一个小小的细节都不放过的员工肯定是一个最忠诚的员工,领导不提拔这样的人还能提拔哪些人呢?

要做到忠诚,就要求我们勿以善小而不为,勿以恶小而为之;要求我们每一个人和企业融为一体,赤诚无私,一切以公司的利益为重;要求我们无论在领导在场与不在场,都有爱岗敬业的精神,对工作认真负责;要求我们任何时候都努力工作,没有任何借口;要求我们从身边的点点滴滴的小事做起,任劳任怨。

人生感悟

忠诚是人类最高贵的品质,当我们付出忠诚,真正把工作当成一种必需和分内事来做的话,我们往往能够获得高额的回报。

06 勇于负责,成功的最佳方法

很久以前,走兽和飞禽有过一场猛烈的战斗。蝙蝠两方面都不参加,只待着看哪边取得胜利。起先,飞禽战胜了走兽,蝙蝠就加入飞禽一边,跟它们一起飞,表示自己是飞禽;后来,走兽开始占优势的时候,蝙蝠就投到走兽那边去了。它把自己的牙齿、爪子和奶头给它们看,证明自己是走兽,同时保证自己热爱同类。最后,飞禽终于得胜了,蝙蝠又投到飞禽那边,可是这回飞禽把它撵走了。

蝙蝠想再加入走兽这边来,已经不可能了。从此它两方面都不能够参加,只好待在地窖里,或者待在窟窿里,黄昏的时候才敢出来到处飞。

蝙蝠为它的不负责任付出了代价。

一位伟人说:"人生所有的履历都必须排在勇于负责的精神之后。"勇于负责的精神是改变一切的力量,它可以改变你平庸的生活状态,使你变得杰出和优秀;它可以帮你赢得别人的信任和尊重,从而强化你脆弱的人际关系;更重要的是,它可以使你成为好机会的座上宾,频频获得它的眷顾,从而扭转向下的职业轨迹。如果你已经足够聪明和勤奋,但依然成绩平庸,那么就请检视自己是否具有勇于负责的精神。只要拥有了它,你就可以获得改变一切的力量。

在这个商业化的社会里,老板越来越欣赏那些敢于承担责任的员工。因为只有这样的人才能给人以信赖感,值得去交往。也只有这样的人,才具备开拓精神,为公司带来效益。所以,在做事的过程中,我们应该要求自己具备一种勇于负责的精神。

要想赢得机会,就得勇于负责。一个普通的员工,一旦具备了勇于负责的精神之后,他的能力就能够得到充分的发挥,他的潜力便能够不断地得到挖掘,因而为公司创造出巨大的效益,同时,也让他本人的事业不断向前发展。

安妮是一家大公司办公室的打字员。有一天中午,同事们都出去吃饭了,唯有她一个人还留在办公室里收拾东西。这时,一个董事走进来,想找一些信件。

尽管这并不是安妮分内的工作,但是,她依然回答:"尽管这些信件我一无所知,但是,我会尽快帮您找到它们,并将它们放在您的办公室里。"当她将那位董事所需要的东西放在他的办公桌上时,这位董事显得格外高兴。

四个星期后,在一次公司的管理会议上,有一个更高职位的空缺。总裁征求这位董事的意见,这时他想起了那位勇于负责的女孩——安妮。于是,他推荐了她,安妮的职位一下子升了两级。

会选择才会有未来

美国塞文事务机器公司董事长保罗·查来普说:"我警告我们公司里的人,如果有谁做错了事,而不敢承担责任,我就开除他。因为这样做的人,显然对我们公司没有足够的兴趣,也说明了他这个人缺乏责任心,根本不够资格成为我们公司里的一员。"

勇于负责是一种积极进取的精神。当一个人想要实现自己内心的梦想,下定决心改变自己的生活境况和人生境遇时,首先要改变的是自己的思想和认识。要学会从责任的角度入手,对自己所从事的事业保持清醒的认识,努力培养自己勇于负责的精神,因为这才是成功的最佳方法。

勇于负责就要踏踏实实地把事做好。勇于负责的精神说到底就是一种踏踏实实地把事情做好、做到底的态度。

在一家电脑销售公司里,老板吩咐三个员工去做同一件事:到供货商那里去调查一下电脑的数量、价格和品质,第一个员工 5 分钟后就回来了,他并没有亲自去调查,而是向下属打听了一下供货商的情况,就回来做汇报;30 分钟后,第二个员工回来汇报,他亲自到供货商那里了解了一下电脑的数量、价格和品质;第三个员工 90 分钟后才回来汇报。原来,他不但亲自到供货商那里了解了电脑的数量、价格和品质,而且根据公司的采购需求,将供货商那里最有价值的商品做了详细记录,并和供货商的销售经理取得了联系。另外,在返回途中,他还去了另外两家供货商那里了解一些相关信息,并将三家供货商的情况做了详细的比较,制定出了最佳购买方案。

第二天公司开会,第一个员工被老板当着大家的面训斥了一顿,并警告他,如果下一次出现类似情况,公司将开除他。第三个员工,因为勇于负责,恪尽职守,在会议上受到老板的大力赞扬,并当场给予了奖励。

无论做什么工作,都应该静下心来,脚踏实地地去做。要知道,你把时间花在哪里,你就会在哪里看到成绩。只要你是勇于负责、认认真真地在做,你的成绩就会被大家看在眼里,你的行为就会受到上司的赞赏和鼓励。

只要你还是公司的一员,就应该抛弃借口,丢掉脑中的消极懒散的思想,以全部身心投入到自己的工作之中,以勇于负责的精神去面对自己的工作,时时处处为公司着想。只有改变自己的工作作风,主动清除自己头脑中的错误思想,才能成长为一个真正具备勇于负责精神的员工,才会被老板或公司视为支柱,才会获得全面的信任,并获得重要职位,拥有更广阔的工作舞台。这时候,自己的事业也就指日可待、胜券在握了。

生活总是会给每个人回报的,无论是荣誉还是财富,条件是你必须转变自己的思想和认识,努力培养自己勇于负责的工作精神。一个人只有具备了勇于负责的精神之后,才会产生改变一切的力量。

勇于负责才能赢得尊严。一个人要想赢得别人的敬重,让自己活得

会选择才会有未来

有尊严,就应该勇敢地承担起责任。一个人即使没有良好的出身或优越的地位,只要他能够勤奋地工作,认真负责地处理日常工作中的事务,就会赢得别人的敬重和支持。反之,逃避自己理应承担的责任和义务,就很难赢得别人的尊重和信任。谁逃避自己的责任,谁就会被命运捉弄。谁拒绝承担组织和团队中所应负的责任和义务,谁就会被淘汰出局。

威灵顿曾说:"我来到这里是为了履行我的责任,除此之外,我既不会做也不能做任何贪图享乐的事。"

许多人之所以一生一事无成,皆因为在自己的思想和认识中,缺乏对勇于负责这种精神的理解和掌握。他们常常以自由享乐、消极散漫、不负责任、不受约束的态度对待自己的工作和生活,结果沦落为失败者。

人生感悟

改变态度,努力培养自己勇于负责的精神,你将会产生出无穷的力量,积极地为自己的梦想和事业努力奋斗。

07 选择激情工作,创造工作佳绩

黑格尔说:"世界上没有一件伟大的事不是由激情所成就的。"工作需要激情。有了激情,员工才会有实现目标的愿望和快速反应的能力;有了激情,员工才会有更深入的思考和更到位的执行能力。

100多年前,有一位家住罗德岛的人,他想砌一堵石墙。每次工作时,他都尽其所能,全力以赴,就像一位大师要创作一幅杰作一样,沉醉其中。他反反复复地审视着每一块石头,研究着每块石头的特点,思考着怎样才能

把它放在最佳位置。石墙砌好之后,原本粗糙的大理石变成了精美的塑像。每年,前来参观的人摩肩接踵。一堵石墙让他获得了一份意外的收获。

微软的招聘官员曾对记者说:"从人力资源的角度讲,我们愿意招的'微软人',他首先应是一个非常有激情的人:对公司有激情、对技术有激情、对工作有激情。可能在一个具体的工作岗位上,你也会觉得奇怪,怎么会招来这么一个人,他在这个行业涉猎不深,年纪也不大,这的确是事实。但是他有激情,和他谈完之后,你会受到感染,愿意给他一个机会。"

如果你始终以最佳的精神状态工作,让你的热情像野火一般四处蔓延,不但可以提升你的工作成绩,而且还可以影响整个组织,使整个组织的执行力得以提高和增强。

王辉是一家汽车清洗公司的经理,这家店是12家连锁店中的一个,

会选择才会有未来

生意相当兴隆,而且员工们个个都热情高涨,都为他们自己的工作感到骄傲,都感觉生活是无限美好的……

但是王辉来此之前并不是这样的。那时,店里的员工们已经厌倦了这里的工作,他们中许多人已开始打算辞职,可是王辉的到来改变了这一切。王辉用自己昂扬的精神面貌深深感染了身边的员工,让他们重新燃起激情的火焰。

王辉每天第一个到公司,充满活力地微笑着向陆续到来的员工打招呼;每次他走进店里,给员工的感觉都是容光焕发,好像生活又焕然一新,非常振奋人心;王辉还把自己的工作一一排列在日程表上,他创立了与顾客联谊的员工讨论会,时常把自己的假期向后推迟……

王辉的精神状态很快改变了周围的一切。在他的影响下,店里的员工常常早来晚走,斗志昂扬,就算是忙得没时间吃中午饭,依然很开心、很投入,始终如一的高质量地完成自己的工作,店里的业绩因此呈直线上升。公司老板决定把王辉的工作方式向其他连锁店推广。

这种激情四射的工作状态,几乎每个人在初入职场时都经历过。可是,绝大多数人的这份激情来自对工作的新鲜感,以及对工作中不可预见问题的征服感。一旦新鲜感消失,工作驾轻就熟,他们的激情往往也就慢慢消失,一切趋于平淡。昔日充满创意的想法渐渐消失了,每天的工作只是在敷衍了事中度过,既厌倦又无目标,不知道自己的方向在哪里,更不清楚一度让自己心跳的激情丢失在哪里,究竟怎样才能找回它。

良好的精神状态是高绩效的萌芽,这正是老板期望看到的。失去了工作激情,高绩效萌芽就会"夭折",你的身价就会贬值,由一名前途无量的员工变成一名平庸的员工。所以,就算工作不尽如人意,就算工作让你感觉单调乏味,也不要愁眉不展、无所事事。正确的做法是:要用积极的精神状态掌控自己的情绪,让高绩效的"萌芽"茁壮成长起来。

当一个人对自己的工作充满激情的时候,他便会全身心地投入到自己的工作之中。这时候,他的自发性、创造性、专注精神等对自己工作有利的条件便会在工作的工程中表现出来,他就能够把工作做到最好。

工作时神情专注,走路时昂首挺胸,与人交谈时面带微笑……愈是疲倦的时候,就愈穿得好、愈有精神,让别人完全看不出你的一丝倦容。如果是女性的话,还要化个全妆。假如你每天精神饱满地去迎接工作的挑战,你的内心随之也会发生变化——变得越发有信心,并做出创造性的业绩。

保持对工作的新鲜感,是保证一个人工作激情的最有效方法。可要做到这一点并非易事,不管什么工作都有从开始接触到全面熟悉的过程。要想保持对工作恒久的新鲜感,首先必须改变工作只是一种谋生手段的看法,把自己的事业、成功和目前的工作连接起来。其实,保持长久激情的秘诀,就是不断给自己树立新的目标,挖掘新鲜感;把曾经的梦想拣起来,找机会实现它;审视自己的工作,看看有哪些事情一直拖着没有处理,然后把它做完……在你解决了一个又一个问题后,自然就会产生一些小小的成就感。这种新鲜的、激动人心的感觉,就是让激情每天都陪伴你的最佳良药。

当你每天精神饱满地迎接工作的挑战,以最佳的精神状态去发挥自己的才能,发掘自己的潜能时,你的内心也会随之发生变化——变得越发有信心,从而做出创造性的业绩。

人生感悟

假如你每天精神饱满地去迎接工作的挑战,你的内心随之也会发生变化——变得越发有信心,并做出创造性的业绩。

08 学习，让人生增值

在当今知识经济时代，知识更新的周期越来越短。员工只有通过学习，不断地更新自己的知识，才能提升自己的工作能力。

"不断增加自己的工作附加值"，是现代企业衡量一个员工是否优秀的重要指标，也是一个人从平庸变为优秀的必要条件之一。只要你稍稍细心观察就会发现，优秀员工之所以能不断增加自己的工作附加值，是因为它们有充分的学识作为后盾。

有位作家说过："学习是 21 世纪的通行证，只有不断学习的人才有可能成为 21 世纪的高效能人才。一个人的每一项进步，能力的每一次提高，绩效的每一次提升都是通过学习实现的。"在讲述这段话时，该作家又举了个山雀和知更鸟的例子。

在 1930 年以前，英国工人送到订户门口的牛奶，奶瓶口既没有盖子也不封口，因此，山雀和知更鸟这两种在英国常见的鸟，每天都可以很轻松地喝到漂浮在上层的奶油。后来，牛奶公司把奶瓶用铝箔装起来，借以阻止早起的鸟儿偷奶喝。没想到，大约在 20 年后的 1950 年，英国的山雀通过学习，都学会了把奶瓶的铝箔啄开，继续喝它们喜爱的奶油。然而知更鸟由于不注重学习，却一直没有学到这套本领，它们自然也就没奶喝了。

不要自认"资源"或经验丰富，技艺高超，便倚老卖老，妄自尊大。有句话是这样说的："成绩只能说明过去，努力才有未来。"这是说无论一个人以前有多大的成就那都是过去的事情了，如果不继续努力的话，也许在将来是没有用的。

美国职业专家指出，现在职业半衰期越来越短，所有高绩效者若不学

习,无需5年就会变成低绩效的庸才。所以,要想不断增加个人的工作附加值,把工作做得更好,就必须借助各种渠道,学习有助于提高效率的资讯。

年轻的彼得·詹宁斯是美国ABC晚间新闻当红主播,他虽然连大学都没有毕业,但是却把事业作为他的再教育课堂。最初他当了3年主播后,毅然决定辞去人人艳羡的主播职位,到新闻第一线去磨炼,干起记者的工作。他在美国国内报道了许多不同路线的新闻,并且成为美国电视网第一个常驻中东的特派员。后来,他搬到伦敦,成为欧洲地区的特派员。经过这些历练后,彼得·詹宁斯已由一个初出茅庐的年轻小伙子,成长为一名成熟稳健又广受欢迎的记者。

一名爱学习的员工的身上,凸显的是永不满足于现状、积极进取的精神。这样的员工做事踏实,能够为工作全力以赴。他们从不会沽名钓誉,也不会骄傲自满,而是会为了获得永不失效的真正能力而努力奋斗。

多数企业都有自己的员工培训计划,培训的投资一般作为企业人力资源开发的成本开支。而且企业培训的内容与工作紧密相关,所以争取成为企业的培训对象,对于提高你的工作能力和工作效果十分重要。为此你要了解企业的培训计划,如周期、人员、数量、时间的长短,还要了解企业的培训对象需要什么条件,是注重资历还是潜力,是关注现在还是未来。如果你觉得自己完全符合条件,就应该主动向老板提出培训申请。

会选择才会有未来

假如公司不能提供与工作密切相关的科目,其他还可以考虑一些热门的项目或自己感兴趣的科目。

另外,优秀的员工不管自己有多出色,成绩与别人的差距有多大,都不会轻易放过从他人身上学习的机会。善于学习别人的优点和长处,与上学时老师经常给我们讲的榜样,有着异曲同工之妙。只有看到别人的优点,学习别人的长处,并为己所用,你才能有足够的力量让自己业绩斐然。

唐克和吉姆都是非常优秀的年轻人,毕业后他们一起应聘到一家杂志社。工作了一段时间后,唐克对吉姆发起了牢骚:

"我真讨厌我们的头儿,瞧他那股子劲头,好像谁都不如他。对我的稿子一目十行,就说不行。这个古怪老头,我恨死他了。说心里话,要不是看着薪水还说得过去,我立马就走人。"

吉姆听后回答道:"的确没有人能够拒绝这份薪水的诱惑。我不否认我也有困惑,可是通过我对'头儿'的观察,我发觉他是一个很有能力的人。我个人认为,只要认真跟着他干,就能够从他身上学到很多东西,就算他的批评再严厉些,我认为也是值得的。"

一年后的结果是:唐克仍然在"写稿——被枪毙——再写稿——再被枪毙"的漩涡中挣扎。而吉姆由于从"头儿"的身上学到很多宝贵的东西,工作越做越轻松。

能力胜于学历,有学历并不代表高能力。有进取心的员工绝不会满足于自己已经取得的成绩,他们会时刻激励自己努力学习,跟上企业的步伐,用业绩来证明自身的价值。而缺乏进取精神的员工,会格外看重自己的学历和文凭,并想以此来表明自己的优越。

一名爱学习的员工,必定拥有美好的未来;一名不爱学习的员工,必定在将来被淘汰。有战略眼光的员工,不会局限于眼前的工作,他们往往能够看到很远的将来,并为之不断学习、不断奋斗。

人生感悟

人类生存的意义在于创造,这也是一个有智慧的人的极大乐趣。

09 沟通,在大我中成就小我

"猫狗是仇家,见面必掐",这是众所周知的自然现象。其实,阿猫阿狗们之所以为敌,是因为语言沟通上出了点问题。比如较明显的是:摇尾摆臀是狗族向伙伴儿示好的表示,而这一套"身体语言"在猫儿们那里却是挑衅的意思;反之,猫儿们在情绪放松表示友好时,喉咙里就会发出"呼噜呼噜"的声音,而这种声音在狗听来就是想打架。结果,阿狗阿猫本来都是好意,却是猴儿吃麻花——满拧。

在职场中,这种因缺乏沟通而导致的障碍、冲突和矛盾也屡见不鲜。很多人喜欢我行我素,从不与人交流、沟通,结果常常错误地领会工作任务,走了弯路,甚至步入歧途。由于对工作缺乏相应的共识,自然就谈不上什么机敏地应对、达到良好的业绩了。因此,美国金融界的知名人士阿尔伯特初入金融界时,已在金融界内担任高职的一个同学,教给阿尔伯特一个最重要的秘诀,就是"千万要注意与别人沟通"。

在工作中只有善于沟通,你才能更好更快地领会老板的意图,选择正确的途径、正确的方法,施展自己的工作才能;只有善于沟通,才能更好更多地获得同事的协助,把工作做得近乎完美;只有善于沟通,下属才会对你产生"士为知己者死"的感激之情,才会换来员工的"涌泉相报"。所以,从某种意义上讲,良好的沟通已成为优秀员工之所以优秀、业绩之所以突出的重要原因。

会选择才会有未来

在沟通时千万不要以自我为中心，认为只有自己的行为才是好的，自己的观点才是对的，老是习惯于用自己的观点和习惯去衡量、评判对方。当然，这也不是说为与员工达成共识，你就必须违心地认为对方百分之百地正确。有时候，所谓的"认同"，就是一种换位思考方式。比如，通过换位思考，站在老板角度考虑问题，你可能会忽然间发现："哦，原来他是这个意思，难怪我的策划案被否定了呢。"有了这层理解和认同作为沟通基础，哪怕你与老板间的语言方式和行为习惯差异再大，相信彼此也能逐步适应并接受。经过这样考虑后的沟通结果，往往再棘手的问题也能很快地迎刃而解。

《圣经》上写道："你愿意他人如何待你，你就应该如何待人。"事实证明，这条不论过去、现在或将来都适用的人生准则，对于一名优秀员工来说，不仅是一条再完美不过的沟通准则，也是提高自身绩效平台最适用的一把"钥匙"。说简单一点，就是"换位思考"、"对等沟通"。

平时深入观察，仔细揣摩，熟谙上司的习性，这样才能正确的理解上司的意图。否则，在你具体执行过程中，就会发生很大偏差，甚至南辕北辙。与上司的想法完全背道而驰，你将会费力不讨好，陷入十分尴尬的境地。

下面的几种行为与有效的沟通技巧有关。如果你想提高你的沟通技巧，可以将其作为指南：

1."不卑不亢"是沟通的根本

不论你所面对的是老板，还是强硬的同事或下属，都不要慌乱，不知所措。不可否认，谁都喜欢被别人尊重的感觉。然而，不卑不亢这四个字是最能折服人，最让人受用的。在沟通时你若尽量迁就对方，本无可厚非，但直白点讲，过分地迁就或吹捧，往往会适得其反，让对方心里产生反感，进而妨碍你们的正常关系和感情的发展。你若在言谈举止之间，流露出不卑不亢的样子，就会从气度上赢得对方。对方即使表面上不说出来，暗地里也会佩服你的大将风度。

2. 对等沟通

在沟通时,不争占上风,事事替别人着想,多从对方的角度思考问题,兼顾双方的利益。特别是在谈话时,不以针锋相对的形式让对方难堪,能够充分理解对方。这样,你的沟通结果多会是事半功倍。

3. 用聆听开创沟通的新局面

理解的前提是相互了解,没有人喜欢只顾陈述自己观点的人。在相互交流的过程中,你必须了解对方的观点和需求,不急于发表个人意见。以足够的耐心,去聆听对方的观点和想法,更重要的是边听边思考,及时理解你所听到的东西。否则,你的聆听只不过是接收到了声音的振动而已。

4. 贬低别人不能抬高自己

许多人在沟通时,为了标榜自己,刻意贬低别人甚至是老板,认为这样就能提高自己说话的力度。殊不知,这种褒己贬人的做法,最为人所不屑。与人沟通,应先把自己放在一边,突出对方的地位,以退为进,然后再取得对方的尊重和认同。即使你要表达不满,也要本着"对事不对人"的原则,不要一味地指责对方,而应该客观分析做出来的东西有哪些不足。

5. 忌繁就简

这一点在与老板沟通时尤为重要。一般老板都事多人忙,加上追求效率,所以最讨厌长篇大论,词不达意。因此,你与老板进行沟通时,应该

会选择才会有未来

学会的第一件事就是简洁。简洁的表达最能表现一个人的才能。莎士比亚曾把简洁称之为"智慧的灵魂"。用简洁的语言、简洁的行为来与老板形成某种形式的短暂交流,常能达到事半功倍的良好效果。

从某种意义上讲,沟通已成为优秀员工潜意识的重要部分。作为一名员工,如果你能把工作的过程视为沟通的过程,视为相互间不断交流的过程,并在长期的接触中抓住机会增进了解,学会使用多种表现路径,就可以转变彼此的心态,"以心换心""以诚换诚",达成更高层次的沟通,换来更高的业绩。

人生感悟

只有清楚对方的真实意图,才能采取有效的和积极的反应,否则会不可避免的出现沟通失误。

10 热爱工作,成就不凡人生

工作本身是客观的,它无所谓优劣。员工在一个工作岗位上能否做出成就,不在于工作本身,而在于自己对工作的态度。一个时刻对自己的工作持有敬重态度的人,才能让自己的工作趋于完美,才能在工作中实现自己的价值。

现在不少的人抱怨自己的工作卑微,低人一等,自己干这个工作仅是迫于生活的压力不得已而为之的事情。他们的眼睛紧紧盯住高薪与职位,这是非常危险的。他们轻视自己所从事的工作,自然无法投入全部身心。他们在工作中敷衍塞责、得过且过,而将大部分心思用在如何摆脱现在的工作环境,这样的人在任何地方都不会有所成就。

如果一个人轻视自己的工作,将它当成低贱的事情,那么他绝不会尊敬自己。因为连自己的工作都看不起的人,是不会尊重自己的,更不会受别人的尊重。重视自己的工作,在建立自信心和给别人一个良好的印象等方面,都有很大的影响。

看一个人是否能做好事情,只要看他对待工作的态度。要知道所有正当合法的工作都是值得尊敬的,没有人会否认或贬低你的价值,关键在于你如何看待自己的工作。那些只知道要求高薪,却不知道自己应承担的责任的人,无论对自己还是对他人,都是没有价值的。

美国著名的希尔顿饭店有位清洁员,他在这家饭店工作了将近20年,一直在洗手间做保洁工作。洗手间总是被他打扫得干干净净,他

会选择才会有未来

甚至自己花钱在洗手间放了一瓶高级香水,使客人进来都能闻到一股芳香的味道。客人们对他的服务交口称赞,甚至冲着他的服务而专门住进这家饭店。他的朋友们都替他惋惜,劝他换份工作。他却骄傲地说:"我为什么要换工作呢?我的工作就是最好的,看到客人们对我的工作表示赞扬,这就是我最大的幸福了,我又何必换工作呢?"

某些工作看起来不怎么高雅,例如清洁工作,这种工作环境差,工作辛苦,待遇又差,很难得到社会的承认,但你不能因此而轻视这种工作。请你不要无视这样一个事实:有用才是伟大的真正尺度。

一个员工工作时所具有的精神,与他工作的效率有很大的关系,并且对他的品格也有很大的影响。工作就是一个人人格的表现,你工作就是你的志趣、理想,你的外部写真。一个人即使没有一流的能力,但只要拥有责任心,同样会获得人们的尊重;即使能力无人比及,却没有基本的职业道德,也一定会遭到社会的遗弃。

通常,新职员进入公司都要从最底层干起,志向高远的人可能会很失望,这是非常错误的想法。公司不是慈善机构,既然支付薪金聘请你,就自然认为你所承担的工作别人无法替代,你的劳动成果的重要性是毋庸置疑的。

一个人只有把自己的工作当成自己最喜欢的并且乐在其中的使命来做,才能发掘自己特有的能力。作为员工,无论在什么样的岗位上,都不能轻视、怠慢自己的工作。如果你能在平凡的岗位上,始终如一地坚持把工作做好,那么日久天长,你就会突破平凡,走向优秀。

人生感悟

不要轻视自己的工作,把平凡的小事做好,你就是不平凡的。

11　创造和谐人际关系

萨利是资深销售人员。比较务实的她是被她的一个客户,也就是现在的一家私企老板挖过来的。当时对萨利最具诱惑力的莫过于老板承诺的提成点数和报销福利等优厚的待遇。可来了以后她才发现,这里是典型的家族企业,骨干人员几乎都是老板的亲戚朋友,只有自己是外来人。她感觉自己似乎很难成为老板的心腹。就拿报销来说吧,萨利觉得自己在必要的交际花费上始终奉行着为公司省钱的原则,做到了能省则省,能不花就不花。可等到萨利拿着老板签过字的票据到财务部报销时,作为老板亲戚的财务经理阴沉着脸,对萨利的每一张发票都不厌其烦地刨根问底,那口吻像审犯人一样,好像非要从中发现萨利违规报销的线索似

的。当然他最后什么也没问出来,也只好悻悻地把报销款交给了萨利。时间久了,她发现老板的亲信报销时,从来都是实报实销,没受到任何阻碍,到了萨利这儿就要受到百般盘问。萨利觉得受了莫大的侮辱:这不是不信任是什么?

会选择才会有未来

　　差不多的事情在丽莎身上也发生了。丽莎跳槽进了一家私营公司当办公室主任。她管辖的办公室里，除了她，还有一个是老板的侄女，另一个是老板的堂弟。可以说，这两个人都是白拿工资不干活的。办公室的所有工作几乎都落在了丽莎一个人身上。由于公司里的关系太复杂，丽莎总要为之伤脑筋，耗费精力。而且由于公司的各项制度不明确，丽莎总是身兼数职，人事财务归她管不算，有时候还要作为贸易代表去见客户，客串一下商务谈判的角色。

　　亲疏有别意难平，这种酸溜溜的滋味谁也受不了，但是不要忘记，这是私营企业，家族作风是不可避免的。不管你做得多么好，你都无法摆脱这种尴尬的局面。

　　尽管现在中国私企因其不逊于独资外企的薪资水平和相对广阔的个人发展空间，的确吸引了不少职业人的眼球，挑战民营企业也成了众多人士的奋斗目标，但毕竟民营企业由于管理体制上的问题，"人治"的色彩依旧不能完全根除。在这样的公司里，虽然也有一些所谓的制度，但却是全凭老板的情绪、爱好处事，且大事小事老板都要插手。无论你如何为公司利益着想，扎扎实实做事，他们还要听信那些亲信的谣言，怀疑你对公司不利。很多正确的想法和建议很难得到家族中高层管理人员的认同，而这些高层管理人员的一些明显错误的思想、策略却在强行推行。发生类似萨利和丽莎那样的情况就司空见惯，不足为奇了。

　　其实，你也不必难过或想不通，在中国，家族企业很多，将心比心，如果你是老板，你也会比较信得过自己的亲友。如果你不想离开，关键的问题就是要调整自己的策略，让老板认为你对他是忠心的，是在为他着想，是为企业好，这样老板最终会将你当作他的左膀右臂，也会支持你的想法。做工作要有魄力，相信自己的做法是正确就坚持，如果自己都不相信自己，做事很犹豫，老板不是很支持就放弃，那就做不成事了。

　　既然你的正确想法和建议很难得到公司内部家族高层管理人员的认

第二章　选对科学方法，让你在职场昂首阔步

同,那么你就应该思考如何让家族企业中的每一个成员都来接受你的正确想法和建议,尽管很难,可还不到否认和不接受的时候。不要发生原则性的冲突,先让他们了解你,取得他们的信任,再提出整改意见。坚持你自己的正确观念,同时应该用你的沟通技巧去慢慢让你的老板知道你的所作所为是在为公司,没有任何私利。

但如果你发现他们的观念根深蒂固,取得他们的信任真是不可能,一直这样下去就太委屈你了。这种家族式的企业不是你一个人能够改变的,他们的思想也不会因为你一次两次的"培训"就可以转变。那只有两条路可走:第一,适应这种管理方法;第二,你可以选择离开,走出去,一切都会好。

人生感悟

很多的压力用不着煞费苦心或用尽一身苦力去改变它,那是费力不讨好的蠢笨做法。真正的智者却是学会适应它,而不是着力改变它,使自己与之协调,所谓压力,也就烟消云散。

12　尽职尽责才是好员工

工作中,有时候老板可能指名要你替他"背黑锅",那你背还是不背?这个问题确实很难回答——背,自己冤枉;不背,得罪老板。

"背黑锅"是一种学问,不是适不适合背,或者好不好,而是要看自己在什么职位和层级。

作为普通员工,非必要的话,尽量避免挺身而出承担责任。

被指定"背黑锅"通常有两种情况。一种是老板处于无奈必须寻找

会选择才会有未来

一个人来代为受罚,他把你当心腹,只要你承担下来,他将会很器重你,寻找机会报答你。这种情况代表你已获得老板的信任,放心大胆去背就是了,不必担心会有不测,即使有,关键时刻他也会替你开脱。另一种情形恰恰相反,你不是他的人,却被指派背黑锅,表示老板要牺牲你而成全自己。这时,你可能很危险,一定要多跟老板沟通。沟通之后,如果老板还是坚持要你背黑锅,那你就该彻底醒悟了,原来是你们的关系出了问题。老板再三地要求你背黑锅,一有问题就是你来担,那说明你和老板之间的矛盾太深,如果真的无法沟通,最好考虑换工作了。

只是偶尔发生,那就不必惊慌,沉着应对,最好还是尽量按老板的想法去做,不然,未来你不会得到重用,也不会得到晋升的机会。

不仅是你,即使高级主管也常得背黑锅。例如裁员,受伤的总是那些下令裁员的主管——当董事会不愿出面时,高级主管就得背黑锅。这是工作的需要,这样做可能使矛盾集中在没有决定权的中层,而减少上层的压力。

短期而言,背黑锅是职场生涯的阻力,但长期来讲,未尝不是一件好事。你由此增加了承担重责的能力,见识更广,为你晋升也准备了基础。你不可能总是遇到很相合的老板,如果换个地方,由于你有了承受一切的底子,一开始,你就可以表现得成熟老练,成长自然会快。

工作中每一个人都有自己的一份责任,遗憾的是很多人不能清醒地认识到自己责任的范围。要么是不负责任,要么就是责任心过重,这两个极端都不利于自己的发展。在企业中应倡导承担适当的责任,不要承担过量责任。

在工作中承担责任,首先要问一下自己,为什么是你承担这个责任而不是别人?能承担责任是说明你有能力,承担的责任越大,说明你的能力越强,你今后在公司的机会越多。既然老板给了你这个机会,就要抓住,不要推脱,错了也没有关系。如果不敢承担责任,那么机会不会主动找到你的头上,成功不会属于你。

不要承担过量责任。如果过分表现自己,去承担过量责任,你的上司和同事会认为你是别有用心,想出人头地。在公司,每一个人的职责都十分明确,如果你承担了别人的责任,出了问题,谁来负责呢?

所以应该只承担适当的责任,不要超越。万事万物都有个度,超越了这个度,事情就会向相反的方向发展。比如考虑战略的问题是老板的事,老板干的活你都做了,要老板做什么呢?所以在工作中承担责任,要把握好分寸,不要让自己的责任超过自己的上司,不要对公司的爱超过自己的上司,否则你一定会被早早干掉。

千万要记住:你是一个打工的,不是老板!所以,你可以用老板的思维去思考,但是在行动上,还是要"守本分",按照自己的职责去做事情,

会选择才会有未来

充分估计自己的能量,承担适当的责任。当然,如果是违法的事,千万不要背黑锅,这需要你有一双洞察是非善恶的慧眼。

人生感悟

工作中每一个人都有自己的一份责任,要认清自己责任的范围,既不要不负责任,也不必责任心过重。

13 选择快乐工作,让人生充满光明

很多人进入职场后往往发现,工作并不像自己以前想象的那般美好,那般充满乐趣,冷不丁就会遭遇一些烦恼甚至痛苦的事。比如:上班堵车,匆匆赶到公司,同事都做好了工作前的准备,主管用狐疑的眼光审视你;文案做不好,被上司不留情面地批评;点子被同事偷了,同事偷着乐,你却懊恼不已,不知道是跟对方大吵一架,还是把事情捅到老板那里去……你似乎很有理由地质问:"被这些事情纠缠着,能快乐得起来吗?"

如果你的眼光只关注这些事情,就不那么容易快乐起来了。你之所以不快乐,就是因为没有去关注那些快乐的事,去挖掘那些能让你快乐起来的事。

加拿大广播公司曾经制作过一个以"快乐"为主题的电视节目,这个电视节目一共采访了四十个国家、数百位快乐的人,得到了下列结论:

1. 想要快乐,不需要富有、名气或美丽;

2. 快乐的人应具备肯定自己、不怕挫折、醉心工作、顺其自然、通情达理、继往开来等六项特质;

3. 长期的快乐与外在条件,诸如财富、地位、权势、美貌等无关。

由此可见,能否快乐在于你的心态。快乐需要在工作中去寻找,去发现。

在西雅图有一个举世闻名的派克鱼摊,那里有洋溢着快乐的"飞鱼"表演,那里是快乐的天堂!

西雅图的这个市场与一般开放式的传统市场没什么两样,既感觉不出它已经有近百年的历史,也看不出什么特别之处。

但是,只要你走进市场,很快就会看见在市场的尽头聚集了一群人,老远可以听到他们的喧哗声。走近了你会发现,大家像是看街头表演似的,一圈又一圈地围着几个穿着亮橘色塑胶背带裤的年轻小伙子观看。其中一个小伙子从身旁的鱼摊上拿起一条鲑鱼,转身朝柜台一丢,中气十足的高声喊:"鲑鱼飞到威斯康星!"柜台里的人敏捷地接住鱼,也大喊:"鲑鱼飞到威斯康星!"他刚大声喊完,鱼就包好了,顾客开心地接过"飞鱼",在围观群众的欢呼中满意地离去。尽管海风越吹越冷,但是这鱼摊总是被人潮与笑声围得暖烘烘的。

派克鱼摊的老板约翰·横山是日裔美国人,因为以前的鱼摊老板不想经营了,横山 25 岁时才顶下鱼摊开始经营。横山并不喜欢卖鱼,他只是想多赚钱,鱼摊经营得不错,于是他在另一边开了一家批发店。但是 10 个月

后,批发店生意就垮了,甚至拖得鱼摊也濒临破产的边缘。横山就召集鱼摊

会选择才会有未来

的伙计开会讨论未来怎样经营鱼摊。一个小伙子提议"做举世闻名的鱼贩"。在实践过程中他们发现,快乐对顾客和自己都很重要,顾客因为快乐而喜欢来鱼摊买鱼。后来,他们又合组了一家未来企业顾问公司,带着伙计到企业授课,当然,派克鱼摊的生意也逐渐好转。自己快乐则使工作更有效率,于是他们创造了"飞鱼表演",在工作中寻找到了快乐!

快乐使派克鱼摊一举成名,不断有企业向派克鱼摊取经,横山与顾问柏奎还转遍了世界各地。"现在的营业额比12年前多了5倍。"横山骄傲地说。

派克鱼摊的故事被拍成教学录影带、翻译成17种语言,成为美国《财富杂志》500大企业的训练教材,同名书籍《如鱼得水》登上畅销书排行榜。而且你只要在摊旁一站,就会发现身旁有明尼苏达、迈阿密,甚至开车来的外地客,带着相机或摄影机,等着拍摄派克鱼摊的"招牌产品"——飞鱼表演。

派克鱼摊的故事带给我们如下启示:

1. 快乐需要去寻找,去发现

快乐不是等来的,快乐需要你自己去寻找,去发现。只有积极发现快乐的人,才会享受到快乐。

2. 因为我选择要快乐,所以我快乐

能否快乐在于你个人的选择。不管你处在什么样的环境,不管你的心情坏到什么样子,只有你选择快乐,你才会去寻找和发现快乐,并在工作中享受到乐趣。

3. 心情快乐能提高工作质量,所以要选择快乐

快乐心情会提高你的办事效率,让你在不知不觉中就完成了一件工作。快乐心情能激发你的思维,让你产生灵感,想出许多解决问题的奇思妙想,从而使你的工作质量得到迅速提高。所以,在工作中努力寻找和发现快乐吧!你会发现,快乐的心境会对你的工作产生积极的发酵作用,你

会觉得你的工作那么有意义,那么充满乐趣。于是,工作不再是谋生的手段,不是人生的负担。你会真正的理解那句话:工作并快乐着。

人生感悟

假如我们有办法使自己在单调的事物中看出乐趣,在平凡的人群中找出他们的可爱和可敬之处,我们就自然乐于和别人相处,也自然会使自己觉得前途光明了。

14 选择循序渐进,打开成功大门

很多年轻人刚走上工作岗位,就希望明天当上总经理;刚创业,就期待自己能像比尔·盖茨一样成为富人之首。让他们到基层去,他们会觉得很丢面子,甚至认为他的老板对他简直是大材小用,于是觉得自己怀才不遇,牢骚抱怨随之而来。

每个人都有理想,但你要明白:要实现自己的理想,必须调整好自己的心态,打消投机取巧的念头,从一点一滴的小事做起,在最基础的工作中,不断地提高自己的能力,让自己的职业生涯不断地积累实力。记住!你要先摘容易摘的果子。先实现了眼前的目标,再去追求远大理想。

先摘容易摘的果子,先做容易做的事情,体现的是一种脚踏实地的工作精神,是一个人必须具有的素质,也是实现你加薪升职、成就一番事业的关键因素。自以为是、自高自大是你最大的敌人。你若时时把自己看得高人一等,处处表现得比别人聪明,不屑于做小事,可能就会失去别人

会选择才会有未来

的帮助和合作,你就缺少前进的助力。

　　脚踏实地的人,更容易控制自己心中的激情,着眼于小事,避免盲目追求不切实际的目标,也不会凭借侥幸去瞎碰,认认真真地走好每一步,踏踏实实地用好每一分钟,甘于从基础工作做起,时时看到自己的差距,这才是成功人士给我们的最好的忠告。

　　森林中的大象正是由于依靠自己庞大的身躯和沉稳的步伐,才在动物王国中树立了威严,你也需要在工作中向踏实稳重的大象学习。先摘容易摘的果子,从最简单的事情做起,一步一个脚印,这样才能沉稳地踏上成功的台阶。

　　李嘉诚说:"不脚踏实地的人,是一定要当心的。假如一个年轻人不脚踏实地,我们使用他就会非常小心。你造一座大厦,如果地基不好,上面再牢固,也要倒塌的。"

　　如果你希望你的上司能够从内心重视你,并委以重任,你就应该踏踏实实地工作,从最简单的事情做起,在实践中提高自己的能力,沿着自己既定的事业目标实现自己的个人价值,还应该摒弃以下几个有害的想法:

　　1."凭我的学历和能力根本不该做这些小事"

　　即使你拥有很高的学历,有许多先进的理论知识,但你却不一定拥有实际的工作能力。每个公司都有自己的具体情况,若不区分这些个性特点,而把理论生搬硬套进来,很可能会给公司造成损失。

2."现在的工作只是跳板,只要完成工作任务就行了"

即使你目前所做的工作不是你理想的工作或者不适合你,也不可抱有这种不负责任的想法。你可以把它当做你的一个学习机会,从中学习处理业务,或者学习人际交往,或者仅仅作为校园到社会的缓冲,而认真地做好这份工作。说不定,你会真正地爱上这份工作,成为这个领域独树一帜的专家呢。

3."即使能力有限,我也要承担下来此项工作,这样别人就会对我刮目相看。"

不要为了表现自己高人一等,与众不同,而去承担有较高难度的工作,如果完成不了,不但会把工作弄糟,耽误了工作,还会受到批评,影响到自己的进取心,所以,承担自己力所能及的工作并努力做到出色才是比较好的选择。

人生感悟

从容易的事做起,可以循序渐进,可以积累经验,增强成功的信心。

第三章

选择努力的方式,成功就是这么简单

人生所走的每一步都是在选择中完成的。一个又一个的选择叠加成了命运,选择的不同导致了命运的迥异。错误的选择会让你前功尽弃,正确的选择才会使努力获得回报,所以我们一定要学会正确选择!

会选择才会有未来

01 创新，成就人生大事业

创新是一个人取得成就的重要因素，更是一家企业兴旺发达的灵魂。员工要达到自己职业的顶峰就需要创新，企业要在竞争中立于不败之地也需要创新。

创新就是不与别人往同一条路上挤，而是标新立异，另谋逆路而行之。在竞争激烈的商场上，标新立异才可以独领风骚，只有那些能不断创新的人才可以不断获得成功。模仿与抄袭也许可以取得一点暂时的成绩，但不能永久发达。当形势与环境发生变化时，有标新立异的人才可以从一个成功走向新的成功。

在现实生活和工作中，我们在解决问题时，难免会遭遇瓶颈。这时，如果采用直线式思维方式，就会感觉浑身的力量使不出来，发现无路可走。

然而只要你跳出直线式思维模式的困扰，从新的角度，运用新的思维方式去思考和观察，就会发现很多新的解决方法，而这些方法往往在很大的程度上能推进你的工作进度，提高绩效。

白瑞德是一家大型家电公司的高级主管，他正面临一个两难的境地：一方面，他非常喜欢自己的工作，也很满意跟随职位而来的那份薪水；但另一方面，白瑞德又非常讨厌他的上司，最近已经发展到忍无可忍的地步。经过慎重思考之后，白瑞德决定去猎头公司，让猎头公司帮自己找一份类似的职位。

想好了之后，白瑞德把这一想法告诉了妻子苏珊，苏珊听后觉得不妥，但没直接阻止白瑞德，而是提醒他：一个人应学会重新界定问题，在新的角度上以超乎常理的方法处理问题。

第三章 择努力的方式,成功就是这么简单

一语惊醒梦中人,妻子的话让白瑞德深受启发,一个大胆的创意在他脑中浮现。

第二天,他来到猎头公司,请公司替他的上司找工作。不久,他的上司就接到了猎头公司打来的电话,请他去别的公司高就。尽管上司不知道这是白瑞德和猎头公司共同努力的结果,但恰好上司早已厌倦了现在的工作,所以没过多久,上司就辞职离去。更妙的是,后来,白瑞德申请了这个空缺,并被上级批准了。于是,他就坐到了以前他上司的位置上。

创新的思维使得白瑞德很快找到了一个更出色的解决问题的方法,使自己从容地走出了两难的境地。同样,如果你在工作中能发挥自己的创造力,多从不同的角度审视问题,运用不同的方法去完成任务,你完成任务的能力就会大幅增强,从而使自己成为具有卓越执行力的金牌员工。

能够成就大事业的,永远是那些信任自己的见解的人;是敢于想别人所不敢想,为别人所不敢为,不怕孤立的人;是勇敢而有创造力的,往前人所未曾往的人;是那些勇于向规则挑战的人。

你一定听过"把梳子卖给和尚"的故事吧,众所周知,梳子是用来梳头的,而和尚没有头发,怎么会买梳子呢?很多人都被这个惯性思维困住,都打了退堂鼓,一把梳子也没有卖出去。可甲、乙、丙三位先生却都有了自己的销售业绩:甲仅卖出了一把,乙则卖出了10把,而丙先生竟然卖

会选择才会有未来

出了 1000 把。他们成功的秘诀是什么呢?

甲先生说,他一连跑了六座寺院,受到了无数和尚的臭骂和追打,但仍然不屈不挠,终于感动了一个小和尚,买了一把梳子。

乙先生说他去了一座名山古寺,由于山高风大,把前来进香的善男信女的头发都吹乱了。乙先生便找到住持说:"蓬头垢面对佛祖是不敬的,应在每座香案前摆放一把木梳,供善男信女来梳头。"住持认为有理。那庙里共有 10 座香案,于是住持买下了 10 把梳子。

丙先生来到一座颇负盛名、香火极旺的深山宝刹,对那里的方丈说:"凡来进香者,多有一颗虔诚之心,宝刹应有回赠,保佑他们平安吉祥,鼓励他们多行善事。我有一批梳子,您的书法超群,可刻上'积善梳'三字,然后作为赠品。"方丈听罢大喜,立刻买下 1000 把梳子。

在这个故事中,我们一方面会被甲先生的执著所感动,但我们更敬佩丙先生,他让我们明白更加出色地完成任务不仅仅需要锲而不舍的精神,更需要创新素质。只有不断创新,才能不断提高完成任务的能力。

创新不是某些人的专利。创新是一种与生俱来的能力,而且它还可以通过后天的教育、训练而得到提高。当今世界上的一切都不是完美的,它们可以通过创新而变得更完美。同样,我们的工作也可以因为创新而取得更多的成果,因为创新而使自己的职场生涯更加辉煌。

然而,现实生活中,大多数人缺乏创意。那么,是什么在作祟,影响了我们的创新能力呢?

大多数人之所以不能创新,或者不善于创新,常常是因为他们习惯于从惯性思维出发,他们头脑中关于得失、是非安全、冒险等价值判断的标准已经固定,从而导致他们面对困难便顾虑重重,畏首畏尾。假如在你的面前有两个选择:选择一,你有 100% 的机会赢 80 元钱;选择二,你有 85% 的机会赢 100 元钱,但同时也有 15% 的机会什么都不赢。如果你是个缺乏创新思想的人,一定会选择最保险安稳的方式——选择 80 元钱而不愿冒一点儿险去赢那100元钱。

常规性的知识只会告诉你应该如何如何,而创新的思路却能够说:没有什么大不了的,没有什么不可以的,没有什么不能够实现的。对于渴望拥有强劲执行力的每位员工而言,"推翻常识",是获得创新能力的关键。

每个人虽然都具有创新的能力,但却没有人天生就能把工作做好。人类的一切都需要培养,包括知识、智慧、情感、思想。作为优秀员工的必备品质,创新能力同样也需要塑造和雕琢。对人类创新思维的形式和发展,现代心理学家做过许多实验,从实验的结果看,创新需要知识的积累和智慧的开发,需要善于观察和实践,还需要训练。

1. 创新需要知识的积累和智慧的开发

每个人思考问题的水平,均受限于他本身所掌握的知识水平。因此,在做任何一项创新之前,你必须要有足够多的知识作为铺垫或跳板,这样才能构想出真正能改进或解决问题的新方法。

2. 创新需要善于观察和实践

拥有知识固然很重要,但相对于直接经验来说,书本知识常不如后者立竿见影。有时,知识甚至会成为创新的障碍。因为创新往往是对旧事物和旧格局的否定,是对潜在力量的挖掘。而直接经验的获得,离不开坚持不懈的观察和实践。只有通过细心观察,你才能知道旧格局的突破口在哪里,你的行动才会更加有意义,才能独辟蹊径,把工作推向更高潮。

3. 创新需要训练

创新既然属于一种思维领域的内容,那么它肯定可以而且必须经过训练来实现。盲目地创新不但不利于工作顺利发展,还会给工作带来诸多麻烦。

员工的发展得益于积极进取、与时俱进的创新精神,老板总是青睐具有创新能力的员工,因为创新型员工能够向企业提出建设性的意见和建议,从而为企业赢得更多发展的机会。那些不懂得创新,死守一隅的员工,是不可能得到老板的赏识的。

会选择才会有未来

人生感悟

学习新东西可以扩大选择范围,新东西可以是与职业相关的,也可以与职业无关。任何新东西都能使你扩大视野。

02 认清自己,站在成功的门口

一个人无论做什么事,都必然会遇到大量反对意见,除非你什么都不做,否则永远会有批评。人生的终极目标不就是自我满足、自我实现吗?既然不是别人帮你实现,而是自我实现,那就走自己的路,让别人说去吧。

艾伦娜在1996年登上了美国《财富》杂志名人排行榜,而且还是排行榜中唯一一个白手起家的富人。在她刚刚步入该领域时,许多人都认为她不可能在这个领域取得任何成绩。

1973年,艾伦娜还在美国上大学学习计算机专业的时候,她就产生了一个念头,那就是在拉丁美洲销售计算机。当时,美国个人计算机的价格在8000美元左右,而拉丁美洲的个人计算机价格却昂贵得多。1980年,她将自己的想法和许多主要的计算机公司的高层交流过,并请求给她一个机会,在拉美国家销售他们的计算机。

"他们告诉我不要提这事,"艾伦娜回忆说,"计算机销售执行经理们说,拉丁美洲正处于经济危机之中,许多国家都很贫穷,那儿的人们没有钱来买计算机。因此,他们认为拉丁美洲的市场太小了,根本不值得去开拓。"

但艾伦娜并不这样认为。当别人的眼睛里只看到各种局限性时,她却看到了各种市场机会。她认为,即使这个市场只有100万美元的承受能力,对我来说已经足够了,我能从中挣到钱。而且由于它很小,所以就

第三章 择努力的方式，成功就是这么简单

不会有什么人会去竞争这个市场。

当时她只有23岁，没有任何销售和市场经验，而且是个女性，这些被她见过的经理们称为对她而言的三个不利因素。但是，她却清楚地知道

两件事：一是在美国计算机比较便宜，二是拉丁美洲需要便宜的计算机。她满怀希望而又乐观地与一位银行家接触，银行家却给他泼了一桶冷水，银行家认为这简直是个愚蠢的行为，他们不会为之提供任何贷款，劝艾伦娜打消这样天真的想法。艾伦娜不死心，她试着直接与代理商联系，许多代理商根本就不想见她，只有两个人带着怀疑听了她的想法，但也不认为她的方法可行。她问这两个人："你们现在在拉丁美洲的销售额是多少？"他们说："零，一点没有。"艾伦娜对他们说："我能每年在拉丁美洲销售你们公司1万美元的产品。"

会选择才会有未来

　　为了达到目的,艾伦娜不得不答应所有订货必须预先付款。就这样,一家计算机公司在没有承担任何风险的情况下,给了她9个月的境外代理商资格。

　　由于没有任何的销售推广经验,艾伦娜所有行动的向导就是坚信自己的目标和信念。她在哥伦比亚下了飞机,住进了一家宾馆,立即拿起了当地的电话号码本,开始给当地的计算机零售商们打电话。

　　出人意料,第二天,艾伦娜被约会塞得满满的,她飞奔着赶往一个个约会。那个时候拉美的思想还比较保守,商人们不习惯与一个女性做生意,而且还是一个这么年轻的女性。他们跟艾伦娜说:"你还是找你们的男主管来和我们谈吧,你这么年轻还是个女的,怎么能行?"但是艾伦娜用自己的才能和言行征服了这些拉美的零售商,让他们心悦诚服。

　　在三个星期的行程中,艾伦娜旋风般地穿行于厄瓜多尔、智利、秘鲁和阿根廷。在每个国家,她都用同样的办法来推销她手上的产品。"我原本计划销售1万美元的产品,出乎意料的是,我仅仅是用三个星期的时间就接到了价值10万美元的订单和预先付款的现金支票。"艾伦娜回忆说。

　　渐渐地,艾伦娜的销售额超过了百万美元,甚至是几百万美元。在其后的五年里,艾伦娜的销售额达到了令人震惊的1 500万美元。就这样,她成立了自己的公司,继续开展这方面的业务,三年后销售额达到7000万美元。

　　后来,艾伦娜又组建了一个新的公司开始向非洲销售计算机。市场专家们又一次次告诉她非洲太穷了,根本就不适合销售个人计算机。那时的艾伦娜早已经习惯了这些消极的反应。她认为这些专家们的目光非常短浅,相信自己对未来趋势的预见。1991年,她仅仅带了一份产品目录和一张地图就乘飞机到了肯尼亚首都内罗毕,开始了她的销售活动。她住进宾馆后,就又拿起电话号码本开始联系当地的经销商。两个星期后,她又带着15万美元的订单飞了回来……

　　一位哲人曾经忠告我们:"生活中,当别人建议你不能做这个,不能做那个时,你不要理睬他们。你需要做的,是尽快超越他们。如果一直坚信自己的梦想会实现,你就一定会取得成功。"即使别人是出于好心来阻碍你,你也不能动摇,只有你自己清楚自己的愿望。

按照自己的想法大胆干,别在乎别人怎么看,也别在乎这路上有多少荆棘,多少困苦。缺少机会常常是那些消极软弱的人的借口,他们对一切充满恐惧,对一切表示怀疑,不去行动,不敢尝试。如果你是一个积极的人,就应该大胆地去尝试。走自己的路,让别人说去吧!

人生感悟

早一点认清自己的天赋才能,把自己放在一个对的起点上,这样可以使成功提早到来。

03　有目标的人生才精彩

目标是我们做所有事情的基础,只有按照一个既定的目标行事,才能把事情做得圆满,才能走向成功。我们不仅要为人生制定一个明确的目标,还要为这个目标一步一步地努力奋斗,坚持不懈。

在生物界中,有一种专在松树上结网筑巢的毛毛虫。每当夜幕降临时,它们就会集体外出觅食。排成长队,一只紧跟着一只出去觅食。

一天,一位法国昆虫学家突发奇想,做了一个有趣的实验:他将一队毛毛虫引到一个花盆的边沿上,让毛毛虫围成了一个圆圈,然后在花盆中间放上了可口的松叶。结果,毛毛虫一个接一个,绕着花盆边沿转了一圈又一圈。每一个毛毛虫都紧紧跟随着前一个毛毛虫,没有一个能够想一想,它们

会选择才会有未来

的目标到底是什么。七天七夜之后,整队的毛毛虫都因饥饿而死去。

在生活中,有许多人就像毛毛虫一样,看起来很努力,总是在不断地爬啊爬,然而由于缺乏目标,爬到死也没有找到终点,没有找到目的地。

没有目标的人很难将自己的精力集中在有意义的事情上,也就很难有什么作为和业绩。如果你在工作时没有目标,就会像无头苍蝇一样到处乱窜,这样自然不利于提高工作速度,更不要说什么更高的绩效了。如果你想让现有的效率有所突破,达到更高且更有价值的高度,首先一定要确定自己的目标。举例来说,猎豹是众所周知的捕猎高手。它之所以有如此好的捕猎成绩,是因为它在每次捕猎行动前,总是先锁定一个清晰的捕猎对象。

美国凯萨集团创始人、亿万富翁凯萨曾说:"无数的事实表明,除非你为自己的人生定下了一些有意义的目标,否则你就无法过得更好。或者说你如果不主动发掘自己的人生目标,你就可能把时间和精力花在一些没有价值,甚至错误的事情上。"话虽简单,但道理深刻。对于一名员工而言,只有把注意力凝聚在目标上,你才能清楚地知道自己应该做什么,应该怎样做,并能准确评价自己做得怎么样。也只有了解了这些,你才能更好地执行工作任务。

在设立目标时,你的目标必须是明确的,否则你付出再多的努力也是白费。这就好比一个弓箭手,如果无法看清靶心,姿势摆得再正确、弓拉得再满也没有多大意义。

清晰的目标可以让你少走弯路,是你制订工作计划、明确工作责任的基础。清晰的目标会维持和加强你的行动动机,让你总能有足够的动力推进工作,创造更大的价值。

某商学院的学生集体到野外登山,老师想让这次活动更有意义,于是预先将一面红旗插在隐蔽的地方,对学生们说:"在这座山上我插下了一面红旗,你们现在就出发去找到它。最先找到的人就将拥有这面红旗。"于是学生们兴高采烈地出发去寻找了,可他们越找越累,最终失去了兴致,都在山石上坐了下来。老师鸣哨集合,对大家道:"现在我把红旗放在了下一座山头的山顶上,从这里到那儿有四五条路径,你们分成三组,各选一条路,哪一组能率先到达,哪一组便拥有这面红旗。"于是三组学生各自推选出了一名队长,这三位队长向远处遥望了一会儿,各自选了一条路出发了。

他们先后接近山顶,就在他们接近山顶时,都发现了一面红旗,结果是每个队都得到了一面红旗。老师告诉大家:"山上的红旗是目标,你们的行动要用明确的目标来指引,而不是漫无目的地到处乱跑。"

树立明确的目标,需要你在自身需求定位上做出准确的判断,根据自身的实际情况制定目标。成功大师希尔说:"我们不能把目标放在真空里,因为目标指挥我们的注意力朝向问题的解决或机会的掌握。你必须配合自己的需要、希望,看什么需要留意。"同时,随着外界大环境的不断

会选择才会有未来

变化,一个人的欲望和需要也时刻处于变化之中。因此,你必须经常审视、反省自己的需要,修订自己的目标与活动清单,最好每隔几个星期就回顾一次。这样,你的目标才不会偏离正确的方向。

一个人要想成就一番事业,就应该有一个明确的奋斗方向。沙漠中没有方向的人只能徒劳地转着一个又一个圈子,生活中没有目标的人只能无聊地重复着自己平庸的生活。对沙漠中的人来说,新生活是从选定方向开始的;而对奋斗中的人来说,成功的起点是从确定目标开始的。

伟大的目标必定是面对未来的。但如果这个目标距离现实太遥远,人们在工作生活中就不能把握住它,看不见它的影响。而人类又有一个普遍的心理,如果工作到了一定的时间和程度,仍没有看到一定的绩效和成果,就会产生焦躁不安和厌倦的情绪,对手中的工作失去兴趣,这种情况你就很难再调动起自己的工作积极性,这样自然会使工作止步不前。

在这种情况下,你可以通过设定分段目标来解决这个问题。把大的目标分成一个个小的目标。相对于大目标来说,小目标是成绩的最好显示器,它更容易让你在较短的时间内看到成果。这对每个人来说都是最好的激励。而当你一点点地完成这些小目标的时候,也就是你在向最终的大目标一点点靠近。

犹太人的圣经《塔木德》上说:"一位百发百中的神箭手,如果他漫无目标地乱射,也不能射中一只野兔。"成功的犹太人就非常重视明确的奋斗目标的重要性。

有了明确的目标之后,你还要有具体的实施计划才能实现目标。只设定目标是不够的,因为设立目标时考虑的只是"什么"的问题,而实现目标则需要考虑"如何进行",其中最关键的是盯住目标。只有紧紧盯住目标,将全部精力集中于目标的完成,才能更快更好地完成任务。如果你随意地瞎抓一气,结果只能是"事倍功半",甚至是"徒劳无功"。

老师给孩子们讲了一个故事:有三只猎狗追一只土拨鼠,土拨鼠钻进了一个树洞。这个树洞只有一个出口,可不一会儿,居然从树洞里钻出一只兔子。兔子飞快地向前跑,并爬上另一棵大树。兔子在树上,仓皇中没站稳,掉了下来,砸晕了正仰头看的三只猎狗,最后,兔子终于逃脱了。故事讲完后,老师问:"这个故事有什么问题吗?"有人说:"兔子不会爬树。还有人说:"一只兔子不会同时砸晕三只猎狗。"直到再也没有人能挑出毛病了,老师才说:"还有一个问题,你们有没有想到,土拨鼠哪儿去了?"

猎狗追逐的目标是土拨鼠,可同学的注意力却被突然冒出的兔子吸引走了,而忘了最初的目标。在追求目标的过程中,经常会半路冲出个"兔子",分散你的精力,扰乱你的视线,导致你中途停歇下来,或者走上岔路,甚至放弃了自己最先追求的目标。比如,本来要进一步完善策划案的,却发现自己的着装总不招人喜欢,于是潜心研究服装搭配,再不想策划案的不足和缺陷了。

在人生的竞赛场上,没有确立明确目标的人,是不容易得到成功的。许多人并不乏信心、能力、智力,只是没有确立明确的目标或没有选准目标,所以没有走上成功的途径。如果你想更快走上成功之路,出人头地,那么就为自己树立一个清晰的目标,并锁定它,全力以赴,那么成功将不会遥远。

人生感悟

多数人在人潮汹涌的世间,白白挤了一生,从来不知道哪里才是他想要去的地方,而有目标的人却始终不忘记自己的方向,所以他能打开出路,走向成功。

04　提高执行力，做老板眼中的好员工

美国通用电气公司总裁韦尔奇指出："一个工人最重要的素质就是他的工作速度。"几乎所有的老板都清楚地认识到，在其他条件相同的情况下，速度代表了一个员工的强劲的执行力。然而，一个人要想快速做好自己的事，必须先了解自己的工作。

不要认为自己已做到了这一点。事实上，绝大多数的员工在工作的同时，并不了解自己的工作。他们只不过是接受了命令，然后按照指示做出一些机械的行动而已。

"了解工作"的真正含义，是你应该知道你的工作每天在朝哪个方向进展，你具体在做什么，工作进行得如何，以及工作进度对企业总目标的影响等。

怎样才能了解工作呢？具体的做法是：建立与老板的沟通渠道，多问多听。只有这样，你才能弄清工作的原委。此外，有执行力的员工，还懂得如何利用同事间的良好人际关系，作进一步的了解："你能告诉我有关的情况吗？""你是怎么想的？""你认为这项任务的着手点应该在哪儿？""你能解释上司说的……事吗？"等等。这些非正式问题往往会使当前工作的真面目更加清晰，使你从整体上更正确把握工作。

在残酷的现实中，当你了解清楚工作真相的同时，很难逾越的困难也会接踵而至，展现在你的面前，于是在工作中又出现了这样一种现象：一些人对工作的前景和优势夸夸其谈，而谈及工作中的困难时，却总是一筹莫展。如果再问他准备采取什么措施来应对这些困难时，答案更是无言以对。

每个人的一生中都会遇上多次困境,工作上更是如此。如果你的解决方式是逃避,那么困难将会一次又一次地造访你,逃避是不能解决问题的。

在最黑暗的时期,整个欧洲大陆和北非都处于纳粹的铁蹄之下,而美国又极力保持中立,于是希特勒就全力对英作战。当时,几乎全世界的人都认为英国一定会屈服。但当时的英国首相丘吉尔却一直坚信:大不列颠不仅能生存下来,而且仍是一个伟大的国家。面对纳粹的战争威胁,丘吉尔向全英国人民表示:"我们下定决心,一定要将希特勒的纳粹统治摧毁。对于这一点,什么也不能改变我们,决不!我们决不屈服!决不向希特勒或他的党羽妥协!"

即使有这样大胆的设想,丘吉尔也没有忘记要面对最严酷的现实。为了让最坏的消息以本来的面目真实地传到自己手中,从战争一开始,丘吉尔就在普通的信息渠道之外,又建立了一个完全独立的部门——"统计局"。整个战争时期,丘吉尔就是依靠"统计局"获得了最新、从未粉饰过的真实战况,从而做出了正确的决策,最终战胜了入侵的纳粹分子。

对于一个人而言,勇于接受现实是执行力的表现。勇于接受现实就是要像勇士一样去执行,它体现了一个人对自己的职责和使命的态度。思想决定态度,态度决定行动。一个勇于接受现实的员工,肯定是一个执行力很强的员工,他的工作进度一定会超出常人,工作质量更会好得让人佩服。

一位公司主管经观察得出这样一个观点:高效率的优秀员工之间存在着一个令人惊异的特点,就是他们的看法很少有相同的时候,一个人深信不疑的事,另一个人却深怀警惕。他们当中只有一个共同的特性——敢于面对现实,愿意冒险。

理查德是美国一家人寿保险公司的业务员。由于当时正值上世纪30年代美国经济大衰退的时候,理查德的保险业务开展得很艰难,再加上他生性腼腆,被客户拒绝一次,便不再上门。因此他的业绩一直处于低迷状态。那个时候,理查德最关注、最担心的是下一个月是否会失业。

会选择才会有未来

"年轻人,你认为在未来的三个月内,你的工作成绩会上升到什么程度?"一天,公司经理问理查德。

"哦,具体我没有想过,但我认为肯定会让您满意的。"理查德小心地回答道。

"这我也相信,"经理回答道,"可你想没想过怎样对待阻碍你工作进展的问题呢?"

"经理……我没有想过。"理查德低声回答。

"没有想过现在就要好好地想一想。"经理丝毫不放松地说道,"不管你打算把自己的工作做到何种水平,只要你肯做,你就会做到。每一个人都可以取得良好的成绩——不管情况多么艰难——只要他肯敲门、肯尝试、肯努力!"

也是因为这次谈话,该保险公司的裁员名单上少了理查德的名字,而多了一位高绩效的优秀员工——一位曾把每个客户的门敲响十数遍的人。

从这个例子可以看出,如果你打算让你的工作成绩变得卓越并且做到长久保持,如果你想建立起强劲的执行力,你就必须做到"面对现实开展工作"。只有这样,你的努力才不会偏离正确的轨道。

没有人能够做到工作前就解决了所有的问题。因为问题是随着工作的进展而不断产生变化的。事实上,高绩效的优秀员工,不管从事什么行业或什么活动,遇到麻烦都会立刻想办法处理,他们的这一举动就像前进中遇到沟壑就跨过一样自然。

但勇于面对现实中的种种困难和问题,还有一个重要的前提,那就是发现问题。发现是解决的前提,只有发现了才能解决。"发现问题"是"了解工作"的一个重要内容。

发现问题需要有敏锐的洞察力,但许多员工往往忽略了它。其实不仅仅是员工,许多优秀的领袖人物也常犯下这个愚蠢的错误。

"我告诉你们,威灵顿是个劣等的将军,英国部队也不堪一击。我们在午餐之前就可以解决他们。"

这是拿破仑在滑铁卢战役前,和他的手下将军的早餐谈话(1815年)。

"我估计全世界大概只能销出5台电脑。"

托马斯·华森,这位曾任职于IBM的董事长在1943年如是说。

"我不需要保镖。"

吉米·霍华在1975年他失踪前的一个月夸下海口。

敏锐的洞察力是发现问题的根源。任何追求卓越业绩的优秀员工,都应了解这一点。因为洞察力有利于你找出问题的根本所在,从而加强对问题的解决,可以让你直捣问题的核心,还可以评估各种选择以获取最有利的局势。

会选择才会有未来

总之,一名优秀员工必须能够做到认清事实,发现问题,并勇于解决问题。否则,你的决策就有可能变成不切实际的计划,你的行为就会因"盲目"而失去意义。那么你的工作进展也会因此而更加缓慢艰难,不利于工作效率的提高。

人生感悟

事情做了就是做了。要有勇气承担一切后果,要有勇气承担可能的后果。

05　正确定位,成功的第一步

世事如棋,需要选择和放弃的太多,关键是明白选择什么,放弃什么。衡量的天平不是高,不是大,不是全,不是美,而是适合。合脚的鞋才能让你健步如飞,合心的生活才能让你幸福一生。

高效完成任务的学问始于正确定位。现实中,许多人的能力不可谓不高,时间不可谓不多——这些是高效完成任务的经纬线条。然而,他们虽然也竭尽全力地去做,但工作进度却依然迟缓,完成任务的效率依然差强人意。

有这样一则故事:某工厂的一台机器因丢失了一个螺母无法运转,影响了整个生产进程。

老板心急如焚,他对维修工说:"你必须在两分钟内让机器恢复运转。"

维修工拍着胸脯打保证:"放心吧,老板,两分钟换一个螺母,这还不是小事一桩。其实连一分钟都用不了。"说完,拿着扳手、钳子等工具和一大铁盒型号各异的螺母来到那台机器前。

没想到,一盒子的螺母,竟没有一个能与螺钉的尺寸、型号相吻合。维修工陷入了尴尬的沉默之中。

老板见状又急又气,说道:"对于这台机器而言,只有那个与螺钉吻合得天衣无缝的,才能叫做螺母,其他的只能叫做废铁。现在你盒子里全是一块一块的废铁,没有一个'螺母'。"

这个老板虽然说的是气话,但其中蕴含着的道理却值得我们深思。只有合适的螺母才可以让机器运转起来。由物及人,在工作中,只有合适的位置才可以让一个人充分发挥能力,高效执行任务。因此,一位管理大师说:"如果你在一个位子上努力工作,却仍然无法按期完成任务,那么,你就要自我反省一下:是否是'错误的定位'让我成为'不合格的螺母'。"

衡量一个人的定位是否正确,不在于他做了多少工作,而在于对于这个位置上的各项任务他是否能够高质量地按期完成。

罗勇是广东某大型家电公司的技术人员。他技术过硬,且经验丰富,再棘手的技术问题到了他那儿也会被迅速解决。公司的人都称他为"技术神圣"。但罗勇心里却不这么想,他总觉得自己更适合做管理工作。

一天,罗勇得知人力资源部门的主管另谋高就了,他兴奋异常,为了争得这个职位,他用尽心机,最后终于如愿以偿,被上级任命为新的部门主管。上任后罗勇才发现,自己根本不是这块料。每天,他坐在那间办公

会选择才会有未来

室里,望着桌面上的一堆文件发呆,却不知从何处下手。而他的下属却正等着他的号令,人力资源部的工作也几乎陷入了停滞状态。

如果你不想让自己重蹈罗勇的覆辙,那么,就一定要找准自己的位置。而要做到定位准确,一个重要的前提,就是认清自己。

"认清自己"在个人定位中起着举足轻重的作用。

到希腊中部帕尔纳索斯山的阿波罗神庙朝觐和膜拜的人们,并不是对古老的"德尔斐神谕"有什么奢望,真正令求知者心仪、让旅行者仰慕的,是传说中阿波罗神庙门楣上的那句话——"人啊,认识你自己吧。"数千年来,这句话如黄钟大吕,穿越时空,一直在给人类以理性的昭示和警醒,包括现在那些正忙于给自己定位的人们。

世界上没有两片完全相同的树叶,人也一样,每个人都是上天的宠儿。正确认识自己,既看到自己的长处,也认识到自己的不足,为自己正确定位,这样才能自信地迎接机遇和挑战,为自己创造更多的成功和欢乐。

由于"认清现实"的残酷性,很多人选择了逃避。这是正确定位所坚决不允许的。事实表明,定位准确度的高低,很大程度上取决于你对自身的认识程度。你对自己认识的越清楚,了解的越透彻,定位就会越准确。定位越准确,执行任务时才能越发得心应手。

尺有所短,寸有所长。每个人都有缺陷,都有不足,同样也都有优点,都有特长。要想进一步加快工作进度,在更高的绩效平台上完成工作任务,了解自己的主要特长和优势是必需的。在知道自己的特长是什么的同时,你还要了解发挥这些特长需要什么样的条件,这是你找准自己位置的根本依据。

一个人只有去从事与自己的特长相符合的工作时,才能达到资源的最佳配置。如果你不知道自己的特长在哪儿,不从自己的长处着眼定位,而是反其道而行之,从自己的短处出发,最终,你将难以摆脱"高智商低绩效"的命运。

正确的定位还需要确立正确的定位标准。

在现实中,给自己定位时,是以社会地位、威望、体面、金钱等元素作为定位标准,还是根据自身实际,以最能充分发挥自身特长为标准？如果答案是前者,那么很抱歉,你正在犯一个愚蠢的错误。这个定位标准只会蒙蔽你的心智,阻碍你的特长的发挥。到头来,你只能被动地对付工作,根本无法高质量地完成任务。如果是后者,在工作中,你就能调动起自身的全部才能,出色地履行自己的职责,把任务做得更加完美。

假如让你手中拿着一本自己很感兴趣的书站在墙根,一只脚踏地,一只脚向后蹬在墙上,你很可能可以持续几个小时保持这种姿态,丝毫不会感觉累,可能你还会其乐融融。但假设你的手中没有了那本令你着迷的书,再让你以相同的姿态站在墙根下,相信用不了几分钟,你就会心烦意乱,感到腰酸腿痛,坚持不下去了。工作与其道理相同。

一个人的特长不是固定不变的,会随着时间的推移、环境的变化而不断变化。这种变化轨迹多呈曲线,一般是开始向上增长,当增长到最高值的时候,特长便不再增长,经过一段时间的平台期后,就会向下衰退。所以,你在现阶段定好位后,一定还要根据自身特长的衰变曲线,及时调整自己的职业位置,这样你才会在工作的各个阶段均能高效执行。

人生感悟

命运并不存在于一小时的决定中,而是建筑在长时间的努力、考验,和默默无闻的工作基础上。

会选择才会有未来

06 细节——让事业完美的基石

细节决定成败,是众所周知的一句老话。事实上,细节不仅对我们成败有着非常重要的作用,而且也对我们的工作有着很重要的作用。我们的工作充满着无数小的细节问题。俗话说:"一招不灵,满盘皆输。"对于我们员工最重要的两个字就是"细节"。

有家招聘高级管理人才的公司,对一群应聘者进行复试。尽管应聘者都很自信地回答了考官们的提问,但最终却未被录用,只有快快离去。

这时,一位应聘者走进房间后,看到地毯上有一个纸团。地毯非常干净,那个纸团在那里显得十分不协调。这位应聘者弯腰捡起了纸团,准备将它扔进纸篓里。

这时考官发话了:"您好,朋友,请看看您捡起的纸团吧!"这位应聘者疑惑地打开纸团,只见上面写着:"热忱欢迎您到我们公司任职。"几年以后,这位捡纸团的应聘者成了这家著名公司的总裁。

这是一个流传很广的故事,很多人都读过它,有人甚至还在应聘时留心过地上是否有纸团或纸片。其实,这个故事不仅仅告诉我们在应聘时要注意那些公司有意设计的迷局,而是告诉我们一个对我们一生都有益处的道理:注意细节。

注意细节,这好像与人们所提倡的不拘小节的英雄气概相抵触,但在更加崇尚精致的今天,任何一个微小的细节都可能会破坏整体的美感。

古人云:"一屋不扫,何以扫天下?"只想着做大事,而忽略了手中的小事情就等于幻想不切实际的未来。这种人不会追求成功的概率,而只会追求成功的效率,结果由于小事没有做好,效率也提升不上去。

世界上第一位进入太空的宇航员加加林之所以能够在20多名宇航员中脱颖而出,是因为只有他一个人在进入飞船前脱下鞋子,只穿袜子进入座舱。

日本的一家企业也因为秘书小姐在给一位来自美国的大客户订车票时总订在可以看见富士山的一边而签下了一大笔订单。

加加林脱掉鞋子的举动,体现了他对别人劳动成果的尊重;考虑到外国人都想看一看富士山而预订靠窗的座位,更体现了日本企业对客户的关心和热情。试想,连细节都处理得十分妥帖的人,在大的方面怎么可能表现出不得体呢?

把每一件简单的事做好就是不简单,把每一件平凡的事做好就是不平凡。敬业者心中无小事,他们相信:简单的招式练到极致就是绝招,简单与平凡的小事更能磨出精业的快刀。

许多人在接到一项新任务后,首先做的事情就是剔除穿插其中的诸多繁琐的细节。他们认为,这些琐碎的细节只会浪费宝贵的时间和有限的精力。结果,"聪明反被聪明误"。整项工作由于缺少细节的串联,在衔接上出现了脱轨现象,进而导致工作进度一再受阻,难以高质量地按期完成任务。

"不积跬步,无以至千里;不积小流,无以成江河。"一个人只有从大处着眼,小处着手,不论工作大小均全力以赴,才能确保工作顺利开展,并以高效结束。作为一名员工,你必须真正了解"平凡"中蕴藏的深刻内涵,关注那些以往认为无关紧要的平凡小事,并尽心尽力地认真执行它。

一个从事鸡蛋销售的员工,刚进入公司不久,就取得了不错的销售业绩,得到了老板的褒奖。他是这样做的:

在售奶柜台和冷饮柜台前,顾客走过来要一杯麦乳混合饮料。

他微笑着对顾客说:"先生,您愿意在饮料中加入一个还是两个鸡蛋呢?"

会选择才会有未来

顾客:"哦,一个就够了。"

这样就多卖出1个鸡蛋。在麦乳饮料中加1个鸡蛋通常是要额外收钱的。

让我们比较一下,上面那句话的作用有多大。

员工:"先生,您愿意在你的饮料中加1个鸡蛋吗?"

顾客:"哦,不,谢谢。"

或许,从表面上看,平凡的小事的确没有什么深奥之处,也没有什么值得你重视的价值,但深究后你就会发现,平凡的小事甚至比困难的大事更重要。一位哲人说过:"琐事之中孕育着伟大的种子。"这些细琐而平凡的小事,还可为你提供一个学习、积累经验的机会。

任何人踏上工作岗位后,都需要经历一个把所学知识与具体实践相结合的过程,需要从一些简单的工作开始这种实践,并从实践中不断学习。所以,面对一件不起眼的小事,你要一丝不苟地扎实执行,并虚心向其他人请教,积累经验。

一个人的竞争优势归根结底是精业的优势,而精业的优势则更多的是通过细节体现出来。老子曾说:"天下难事,必做于易;天下大事,必做于细。"使人走向成功的不是"天将降大任于斯人"的豪言壮语,而是"杀鸡也要用牛刀"的对细节的专注精神。

另外，以认真的态度执行平凡的工作，还有助于你建立良好的人脉关系，使你得到周围人的支持和帮助。无须多言，一个拥有良好人脉关系的人，自然更容易处理工作中的棘手问题，把任务完成得更好、更快。

然而要想真正成为这样一个人，你必须做好以下几点：

1. 不忽视每一个细节

在接到一项任务时，对其中的各种细节千万不要产生轻视的心理，要把它看成一件重要的大事。这样，你才能真正重视它，并开动脑筋、发挥潜力做好它。事实上，要做到这一点并不容易，你需要时刻提醒自己："别看它简单、不起眼，对整项任务能否顺利完成却起着至关重要的作用。做不好它，你就不可能高质量地完成任务。"

2. 工作时一定要细心、认真

不要以为是平凡的小事，就敷衍了事地应付。你应该像做重要的事一样认真对待，细心、扎实地处理好每一个环节和细节，一丝不苟地去完成它。只有这样，你才能借助"平凡小事"的力量推进工作进度，做出不平凡的业绩。

3. 做出"完美"的事时要让周围的人知道

在执行平凡工作的过程中，如果你细心工作，发挥聪明才智，就可能做出让周围人惊讶的成绩来。比如，你创造出一套行之有效的好方法，它能提高工作效率，或者能提高工作质量；再如，你想出了一个好的创意，根据这个创意执行工作，能取得更高的工作成就。这个时候，你最好让周围的人知道，切忌保密。与人分享，有利于得到别人的好感，提高你的人脉指数，而良好的人际关系则会使你的工作速度和工作质量得到进一步提高。

每一件事都值得我们去做，而且应该用心地去做。不要小看自己所做的每一件事，即便是最普通的事，也应该全力以赴、尽职尽责地去完成。小任务的顺利完成，有利于你对大任务的成功把握。一步一个脚印地向上攀登，使不会轻易跌落。通过工作获得真正的力量的秘诀就蕴藏在其中。

会选择才会有未来

人生感悟

专注的人失去周围的一切,长远地说,他得到一生最重要的东西。

07　专注,平凡的生命也会开出鲜艳的花

一个青年苦恼地对昆虫学家法布尔说:"我不知疲倦地把我的全部精力都用到了我爱好的事业上,结果却收效甚微。"

法布尔说:"看来你是一位献身科学的有志青年。"

这位青年说:"是啊,我爱科学,可我也爱文学,对音乐和美术我也非常感兴趣,我把时间分配在这些事情上,时间就是不够用,哪一件事也没有成果。"

法布尔从口袋里掏出一块放大镜,说:"把你的精力集中到一个焦点上试试,就像这块凸透镜一样!"

一个人的精力是有限的,把精力分散在好几件事情上,不是明智的选择。只要集中精力做好一件事,就能有所收益,能突破工作困境。这样做

的好处是不至于因为一下子想做太多的事,反而一件事都做不好,结果两手空空。

你不是不甘平凡吗?只要你的需求合乎理性,并且十分热烈,那么,"专心"这种力量将会帮助你得到它。

把精力放在一件事情上,全身心地投入并积极地希望它成功,这样你的心里就不会感到筋疲力尽。不要让你的思维转到别的事情、别的需要或别的想法上去,专心于你已经决定去做的那个重要项目,放弃其他所有的事。

你应当把精力集中在一种事情上,随时工作、随时学习。你集中的精力越多,工作起来也就愈觉得容易。同样,当你工作时,应该把精力都倾注在事业上,不管你的工作是什么,一定要用心地去经营。当你见到它们所带来的成果时,一定会惊讶的。

无论是谁,若能善于利用精力,不将它分散到毫无用处的事情上去,他就有成功的希望。但是有许多人去东学一点、西碰一下,因此白白忙碌了一生,什么事也没有做成。

小蚂蚁是你最好的榜样,它驮着一颗米粒,东碰西撞的前进,一路上不知碰到多少次墙壁、翻过多少个跟斗,才好不容易到达洞口。它告诉我们的是:"只有不断地朝着一个目标努力,才能得到好的结果。"

聪明的人了解倾注全部精力于一件事上,才能达到目标;聪明的人还善于利用他那不屈不挠的意志和持续不断的恒心,去争取生存竞争的胜利。

有经验的园艺家习惯于把许多能够开花结实的枝条剪去,这好像很可惜,可是为了要使树木能茁壮成长,果实结得特别多,就必须将这些多余的枝条剪除,否则,它将带来在收获上的损失,会超过这些枝条损失的无数倍。

花匠们为什么把许多将要开放的花蕾剪去呢?它们不是一样可以开

会选择才会有未来

出美丽的花朵吗？这是因为剪去其中绝大部分，能将所有的养分集中在剩下的一两朵花蕾上，当这些花蕾开放后，就会变为稀有、珍贵的奇葩。

就像培植花木一样，与其把你所有的精力分散到许多无关紧要的事情上，还不如瞅准一件最重要的事业，集中精力，埋头苦干，那样一定会收到良好的效果。

如果你想获得伟大的成就，就得拿起剪刀，把所有没有把握的希望都剪除。即使那些已经稍具头绪的事情，也要忍痛剪掉。一些失败者，不是由于他们没有才干，而是因为他们不愿集中精力去做一件事，他们把精力向四面八方分散，从不知道醒悟。若把那些七零八碎的欲望全部剪除，使所有的精力都集中到一个"花朵"上去，则将来他们肯定会惊讶，竟能结出那样美丽的花朵来。

拥有一种专门技能，比有十种心思的人更容易成功，因为他始终在这一个方面下苦心求进步，时时注意自己的缺陷，想方设法补足，将事情做得尽善尽美。

一个有十种心思的人，一定会忙不过来，既要顾到这个，又要顾到那个，不管哪个只能将就一点，结果当然是一事无成。

"集中精力做好一件事"是每位成功者的基本素质，许多员工忽视提升自己的工作目标。必须聚精会神地面对自己的工作，才能得心应手，取得良好的成绩。

如果你询问一个员工："你的生活目标和理想是什么？"他回答你："我还不大清楚自己到底最适合做什么，但是，我确信勤奋是成功的关键，我决心一生勤勤恳恳地努力工作。我想我总会得到些什么的。"

他错了。难道聪明人为了发现金矿或银矿会把整个地球翻个遍吗？要知道，总是没有方向地四下张望的人，到头来只会一无所获。如果我们没有明确而具体的奋斗目标，那么到手的也不会是明确而具体的东西。只有方向明确并全力以赴，我们才会有所收获。蜜蜂不是落在鲜花上的唯一昆虫，但它是唯一采到蜜的昆虫。我们对自己将来的工作没有明确定位，那么知识本身就不能与客观环境进行很好的结合，知识本身就不能成为我们事业发展过程中有利的资本和基础。

伊丽莎白·沃德说："一个具有明确工作目标的员工，对自己在公司中的发展有了多大的把握啊！从此，一个员工有了工作的意义，他的声音、衣着、表情和行动一下子变得让人刮目相看。我想，在公司中我一眼就能认出那些忙碌充实的员工，他们焕发出一种强烈的自尊自信意识。而一个不知道自己将向何处发展的员工，从来不会一帆风顺，更不会到达目的地。"

美国著名管理学家卡莱尔说："每位员工——特别是那些渴望从主动到卓越的员工，应当这样想：即使是最弱小的生命，一旦把全部精力集中到一个工作目标上也会有所成就；而最强大的生命如果把精力分散开来，最后也将一事无成。水珠不断地滴下来，可以把最坚硬的岩石滴透；湍急的河流一路滔滔地流淌过去，身后却没有留下任何痕迹。"

每位员工都应当有让自己出色的欲望，这是因为：精通一件事情的人在这件事情上可以比其他任何人都做得出色，即使这件事只不过是种萝卜。如果他花了所有的心血来精心培植出最好的萝卜，那么，他就是"萝卜学"的专家，并将得到人们的认可。

蝾螈被切成两截，前面一部分向前爬，后面一部分向后爬。很多目标游移不定的人就如蝾螈一样。成功从来不会属于这种见异思迁、摇摆不定的人。

歌德说过："你适合站在哪里，你就应该去站在哪里。"这是给那些三心二意的人最好的忠告。不管任何人，若不趁年轻时训练自己具备集中精力的好习惯，那么他以后就不会成就什么事业。一个人最大的损失，是把他的精力没有意义地分散到多方面的事情上。一个人的能力十分有限，若要样样都精，很难办到。你若想成就一番事业，请牢记这条定律。

会选择才会有未来

人生感悟

如果一个人集中所有的精力和心志去坚持不懈地追求一种值得追求的事业,那么,他的生命就绝不可能失败。

08　讲究时效,走在成功的路上

"一寸光阴一寸金。"做一个善于管理时间的人,不仅你的事业充满了发展的机遇,你的人生也会充满快乐。

不管是主动还是被动,每个员工都试图通过提高效率来缓解工作压力,加之现代职场效率优先的认识导向,致使员工在完成工作指标的同时,不得不时刻考虑提高工作效率。在这种残酷的现实情况下,作为一名员工,要想加快工作速度,提高个人的绩效,首先必须成为自己的工作时间的管理者。也就是说,在接到工作任务之后,必须立即制定一个完成工作的期限,并时刻将期限贯穿在完成任务的过程当中。

很有才气的希森教授想写一本传记,专门研究"几十年以前一个让人议论纷纷的人物轶事"。

这个写作主题既有趣又独特,很有诱惑力,而且希森教授对此造诣颇深,文笔又很生动,知道的人都认为,这个写作计划肯定会为希森教授赢得很大的成就。

有人问希森教授:"你打算让这本书多长时间面市?"

"尽快吧。"希森教授答道。

5年后,一位朋友碰到希森教授,闲聊时,这位朋友无意间提到那本书。

第三章 择努力的方式,成功就是这么简单

"希森,你的那本书是不是快要大功告成了?"

不料,希森教授竟满脸愧色地说:

"老天爷,我根本就没动笔!"

这个回答几乎让这位朋友难以置信。

见朋友一脸的狐疑,希森教授忙解释说:"我实在太忙了,总是有许多更重要的任务要完成,因此自然没有时间了。"

真的没时间吗?当然不是。

后来,希森教授的这位朋友决定写这本书。仅仅一年之后,这本书就面市了。希森教授的这位朋友因为这本书一鸣惊人,成为文学界的大红人。

有人问他是如何做的,他答道:

"很简单。在动手之前,我给自己制定了一个不可更改的完成期限——两年。每天,我都要看着这个完成期限,对自己说:记着,你还有份工作未完成。然后强迫自己静下心来,不停地写,直到把它完成。"

从这个例子可以看出,如果你不主动给自己限定完成任务的时间,一件十分简单的工作,也会让你无限期地拖延下去。结果,日积月累,简单的工作就越发变得沉重起来,最终成为你行动的累赘。因为,被拖延的工作很可能是过去某项工作的延续,或者是未来某项工作的基础。这样,必将影响下一个乃至以后更多工作的正常进展,让你最终无法按期完成任务。

也许你会说:"我在接收工作任务的同时,上司也给予了我明确的完成任务的时间。所以,'自我限定完成工作的时间'对我来说是多此一举。我只需在任务完成的最后一刻提交任务成果就可以了。"

然而事实表明,将任务完成的时间定在提交任务成果的最后一刻是非常不明智的。因为,事情不会按你个人的主观设定而发展。被限时提交的任务在运行过程中,常常会与一些临时的事项发生冲突。一旦这样,

会选择才会有未来

你就陷入了鱼和熊掌无法选择的被动状态。于是导致有限的精力被过度分散,进而使工作进度受阻,难以按期完成工作任务。

某进出口公司的老板要赴海外公干,且要在一个国际性的商务会议上发表演说。他身边的几位要员于是忙得头晕眼花,要把他越洋公干所需的各种准备工作都准备妥当,包括演讲稿在内。

只有负责英文稿件的那个人不急不忙。有人问他时,他说:"不要紧,我算了下时间,到那天肯定能完成。"

在该老板越洋公干的那天早晨,各部门主管也纷纷来送行。有人问那个部门主管:"你负责的英文文件打好了没有?"

对方睁着双惺忪的睡眼,回答说:"今早工作到4点时,我的妻子突然腹痛得不得了,没办法只好先送她去医院了。反正我负责的文件是以英

第三章 择努力的方式，成功就是这么简单

文撰写的，老板也看不懂英文。待他上飞机后，我回公司去把文件打好，再用邮件传过去就可以了。"

转眼间，老板驾到。谁知他第一件事就问这位主管："你负责预备的那份文件和数据呢？"这位主管按他的想法回答了。老板闻言，脸色大变："这么长的时间，怎么还没准备好？我已计划好利用在飞机上的时间，与同行的外籍顾问研究一下我们的报告和数据，以便不白白浪费坐飞机的时间！"

天！这位主管的脸色立刻变得惨白。

作为一名独立的员工，任何时候都不要把工作拖到最后期限才去完成。优秀的员工不仅会谨记工作期限，而且更清晰明白，在所有老板的心目中，最理想的任务完成日期是：昨天。

这一看似苛刻的要求，是保持恒久行动力和竞争力不可或缺的因素，也是唯一不会过时的东西。一个总能在"昨天"完成工作的员工，他的工作效率是可想而知的。效率就是生命！优秀的员工都是妥善安排时间，善于向时间要效益的高效能手。

千万不要愚蠢地像上例中的那位主管，把原本昨天就能完成的工作，拖延到明天，把工作成果的提交日期，设定在规定期限的最后一天。这些都会在某种程度上影响你工作的顺利开展，不利于你高效率地完成工作。

假如你的老板在交付工作时，向你提出了一个明确的工作期限，假如你渴望每一件事都能在最短时间内有效完成，那么，就以老板规定的工作期限为基础，主动给自己再制定一个更短的工作期限吧。

不仅要把工作做好，并且要在最短的时间做好，因为现在是一个讲究"时效"的时代。以身作则，用自己的行为为他人做出榜样的员工同样是一个高效能手。总之，"自我限定完成任务的时间"是高效完成任务的永恒学问。每个人只有有效地管理自己的工作时间，才能有效地提高自己的绩效。

会选择才会有未来

人生感悟

要做最好的自己,敢于向自己挑战,在一切时间里,向着目标迈进。

09 关注细节,成功者的必然选择

一叶知秋,小中见大。失败常常因忽视非常细小的地方引起,成功则往往从重视做好每个细节中获得。

胡永和张军同时应聘进了一家中外合资公司。这家公司前途光明,待遇优厚,有很大的发展空间。他们俩都很珍惜这份工作,拼命努力以确保试用期后还能留在这里,因为公司规定的淘汰比例是2∶1,也就是说,他们俩必然有一个会在三个月后被淘汰出局。

胡永和张军都咬着牙卖劲儿地工作,上班从来不迟到,下班后还要经常加班,有时候还帮后勤人员打扫卫生,分发报纸……

部门经理是一个和蔼可亲的人,他经常去两个人的单身宿舍交流、沟通,这使他们受宠若惊。所以两人特别注意个人卫生,把各自宿舍都整理

得一尘不染,把专业书都摆在桌面上,以示上进。

三个月后,胡永被留下来,张军却悄无声息地走了。过了半年,胡永被提升为部门主管,和经理的关系也亲近了,就问经理当初为什么留下了自己而不是张军。经理说:"当时从你们中选拔一个还真难,工作上不分高低,所以我就常去你们宿舍串门,想了解你们更多。我发现了一个现象,凡是你们不在的时候,张军的宿舍仍亮着灯,开着电脑。而你的宿舍则熄了灯,关了电脑,所以确定是你。"

优秀员工与平庸者之间的最大区别就在于前者注重细节。一个墨点足可将白纸玷污,一件小事足可使你招人厌恶。在难分上下的竞争中,细节常会显出奇特的魅力,提升你的人格,增加你的绩效指数。

事实表明,如果你能敏锐地发现别人没有注意到的空白领域或薄弱环节,以小事为突破口,改变思维定势,你的行动力将步入一个全新的境界。

新闻系毕业的小宁终于如愿以偿,开始了她的记者生涯。然而工作仅一周,她就发现自己是部门里多余的人。部门的工作已被原有的三个人周密地分了工。

小宁该怎么办呢?

同时分到其他部门的同学见她按兵不动,提醒她说:"小宁,这是个凭业绩吃饭的时代,可不能这样干站着看。你必须厚着脸皮去抢,该撬的墙角就去撬,该圈的地就去圈,这没什么大不了的。"

小宁听了思虑再三,还是决定不能抢别人的饭碗。她耐心观察,耐心接听编辑部的求助电话,这是谁都不想干的活儿。一个月后,她通过接听电话,得到了一个宝贵的信息。依据这个信息,她回避了资深同事"以学校老师"为主体的采访路线,改走"学生家长"的路线,在科教文卫部首推"教育话题热线",主持一个讨论性的栏目。这个栏目一经播出就得到一致好评,小宁由此也在报社里站稳了脚跟。

会选择才会有未来

关注细节是高效完成工作任务的保证。

具体来说,细节主要体现在以下六个方面:

1. 保持办公桌的整洁、有序

如果一走进办公室,抬眼便看到办公桌上堆满了信件、报告、备忘录之类的东西,就很容易使人感到混乱。更糟的是,这种情形也会让你觉得自己有堆积如山的工作要做,可又毫无头绪,根本没时间或做不完。面对大量的繁杂工作,你还未工作就会感到疲惫不堪。也就是说,零乱的办公桌在无形中会加重你的工作任务,冲淡你的工作热情。

美国西壮铁路公司董事长罗西说:"一个书桌上堆满了文件的人,若能把他的桌子清理一下,留下手边待处理的一些,就会发现他的工作更容易些。这是提高工作效率和办公室生活质量的第一步。"因此,要想高效率地完成工作任务,首先就必须保持办公环境的整洁、有序。

2. 不把请假看成一件小事

不要随便找个借口就去找老板请假,比如身体不好,家里有事,孩子生病……这样既会让老板产生反感,还会影响工作进度,很有可能导致任务逾期不能完成。即使你认为工作效率较高,耽误一两天不会影响工作进度,也不要轻易请假,因为你身处的是一个合作的环境,你的缺席很可能会给其他同事造成不便,影响其他人的工作进度。所以不要随便请假,即使生病,只要还能上班就不要请假,更不要因为逃避繁重的工作或无关紧要的小事请假。

3. 办公室里严禁干私活儿、闲聊

在办公室里干私活儿是不对的。一方面是因为工作时间内,公司的一切人才、物力资源,仅属于公司所有,只有公司才能使用。任何私事都不要在上班时间做,更不能私自使用公司的公物。另一方面,就员工个人而言,利用上班时间处理个人私事或闲聊,会分散他人的注意力,降低工作效率,进而影响工作进度,造成任务逾期不能完成。所以将办公时间全部用在任务的完成上,是必要的,也是必需的。

4. 在办公室把手机关掉或调到静音上

上班时间不要随便接听私人电话,要记住你的手机声音会让身边的同事或上司感到反感,而别人反感的情绪会直接影响你的工作情绪,不利于工作效率的提高。如果你随便接听私人电话,就会分散注意力,很有可能导致你对任务的认识产生漏洞,进而影响完成任务的进度。

5. 下班后不要立即离开

下班后你要静下心来,将一天的工作做个简单总结,最好能制定出第二天的工作计划,并准备好相关的工作资料。这样有利于你第二天高效率地开展工作,使工作按期或提前完成。当然,离开办公室时,也不要忘了关灯、关窗,检查一下有无遗漏的东西。

6. 适时关闭你的电脑

别让电脑在上班时间一直开着,因为你一般没有这么多工作能填满上班时间,不能借工作掩护上网、玩游戏、放VCD。在工作中,热衷于做这些事,只会浪费你有限的时间和精力,增加你的工作压力感,提高绩效自然也就无从谈起了。最好的做法是:在做完当天的工作,为明天的工作也找好资料后就关闭电脑,严格控制自己上网、玩游戏的欲望。闲暇时间,你可以买几本专业书籍充电。

注意细节是必要的,但不能过分重视。过分重视细节,细节就会变成一个魔鬼,缠绕着你的四肢,降低你的行动力,使你与高绩效无缘。

一个普通人家的主人,派男仆去种田,派女仆去烧饭,鸡管报时,狗管守家,牛负重载,马走远路。这样一来,各司其职,每件事都做得很好,主人也很知足,日子过得富足清闲。可有一天,主人突然想自己去做所有的琐碎小事,结果累得要死,还一件事也没办好。是他的才智不如奴婢、鸡、狗吗?不是,是因为他太重细节。

在工作中也是一样。如果你是个管理者,就不该因关心细节而忽视

会选择才会有未来

了重大的事情,对一些事情全面了解是应该的,但不能什么事都由自己去解决。威廉由于办事认真,把工作做得井井有条,很快被老板提升为部门主管。被提升以后,从此,他做工作更加细心了,下属交上来的文件,他往往要重新做一遍。即使是平常的小事,他也要自己做才放心。这样,他每天都感到自己又苦又累,可工作却并没有多大起色。通常是他做好了这一件,别的又顾不了,在无法兼顾的情况下,总是"捡了芝麻,丢了西瓜"。威廉很苦恼,但又不知该怎么办。

法国著名管理学家法约尔提出:领导不要在细节上耗费精力,对于具体细节问题,应放手让下属去做。领导大包大揽,不仅可能处理不当,还会耽误重大问题的解决。

由此可见,过度注重细节,就会像威廉那样成为细节的"奴隶",制约了我们的进一步提高。对一名管理者来说,要做到这一点,就必须使用分权术,学会授权,把工作的一些细节问题交给下属去做。不仅能调动他们的积极性,提高工作效率,管理者本人也可以腾出更多的时间去思考和学习更新的知识,全方位地提高自身素质和管理水平。

如果你一味地沉迷于细节中,不能自拔,比如,常因为用墨水改正的一点小错而重打一份稿件等,那你就应该看看美国国家档案中的美国独立宣言原稿。写这份稿子的人在完稿时,发现漏了两个字母,他没有重新再抄,只是在行间把这两个字母加了上去,再加上连接符号。如果在这么重要的文件上能这样做,那么在一封只给别人看一眼就给送进档案库或废纸篓的信,当然也可以这么做了。

生活中举止言谈之间,一笑一颦之间,工作中办事说话之时,站姿坐相之间,处处都充满着细节的魅力。只要我们能够做得到位及时,我们就一定会成功的。

> **人生感悟**
>
> 只有摆脱细节的禁锢,成为工作的"自由人",才能更好地发挥自己的潜力,把工作做得更完美。

10 经营时间,成功把握在自己手里

对时间情有独钟的比尔·盖茨,在和友人的一次交谈中说:"一个不懂得如何去经营时间的商人,那他就会面临被淘汰出局的危险。而如果你管住了时间,那么就意味着你管住了一切,管住了自己的未来。在时间上每个人都拥有同样的财富,只不过有些人采取的是挥霍的态度,有些人则高效利用。对于那些在工作中表现出色、善于高效完成任务的人而言,认真度量自己的时间,并把握它,是他们得以优秀的重要原因。

在优秀员工的眼里,工作时间不是由"时"组成的,而是由分秒积成的。有人曾做过计算:用"分"计算时间的人,比用"时"来计算时间的人,时间多59倍。因此,只有用正确的标尺度量时间,才能充分利用每一分钟,才能将工作保质保量地按时完成,并以此清除时间有限及期限临头所带来的各种压力。

琳达受聘于一家顾问公司,她平均每年要负责处理130宗案件。由于工作的需要,琳达的许多时间都是在飞机上度过的。但是她并没有像一般人那样,把坐飞机的时间用来休息。哪怕乘机时间很短,她也要打开案件进行复核,或者给客户们写邮件等。因此,即使面对130宗案件的巨大工作量,琳达也总能高质量地按期完成。

会选择才会有未来

当你对以分度量时间的重要性有了清晰的认识后,相信你一定不会再随便浪费自己的每一分钟,相反,你会想尽一切办法阻止它们流失。

比尔·盖茨说:"时间就像海绵里的水,只要你用心去挤,它总是有的。"

那么我们该如何去把握它们呢?这是一个非常重要的问题。因为如果你仅会计量不会把握,费心精简的时间再多,也会在不知不觉中消失浪费。因此你在赢得了更多的时间之后,还要学习一些把握时间的技巧,让节省下来的时间在执行中发挥出最佳效率。

1. 制定切实可行的计划

在工作中,没有任何东西能比事先安排好的计划更能促使你高效利用时间了。研究表明:当你接到一项任务后,在制订计划上花的时间越多，做这项工作所用的时间就会越少，完成速率就会越高。因此，即使非常繁忙，你也有必要保证拥有充足的时间进行思考和计划，同时，尽量不要让繁忙的工作把你的计划打乱。开始工作前做好计划的重要性，就好比足球教练在赛前向队员细致讲解比赛的战术一样。而且事先的某些计划并非一成不变，随着比赛的进行，教练一定会根据赛情的变化做某些调整。对于执行任务的员工来讲，这一点同样重要。

2. 制定工作执行计划表

为了更好地实施计划，优秀员工的建议是：将所列出的工作计划写在同一张纸上，将工作中的重要步骤和环节，列在纸的一边；同时在纸的另一边，列出工作中的其他步骤。这样一目了然，便于比较和执行。对于工作中的每一个环节，在记录之前都要认真思考，确定出具体的时间，同时，还要进行耐心仔细的审查。在保证准确无误后，将它们按照先后次序列在纸上，并对其一一进行编号。在实际执行时，对于最重要的事项，在时间上要给予特别的照顾，保证它们都能按期完成。这也表明，执行任务时你要本着这样一个原则：不要事无巨细、一视同仁地平均分配时间。另外，为了应付执行中出现的一些突发事件，你还要注意分出足够的时间，以作备用。

3. 避免帕金森定律发挥作用

记得帕金森教授曾说过：如果一个人的工作太忙，那么他所有的时间都可能会被占用。人们将这条原则通称为"帕金森定律"。

"让纷繁的工作占满你所有的时间"，对于有效完成重要工作非常不利。因此，你要竭尽全力避免这种情况的出现。要避免帕金森定律发挥作用，一个简单有效的办法就是：为每项特定的工作制定一个较短的时间，人为地缩短你的工作"战线"，这样你就能在较短时间内迅速完成工作。

会选择才会有未来

4. 改变不良的行为模式

对很多人而言,做事低效往往在于时间用得不当,时间利用不当则大多是不良行为模式种下的恶果。如果你想提高自己的工作进度,就必须与那些多年养成的不良行为模式进行抗争。改变不良行为模式的方法有两种:一种是强迫自己按照新设计的行为模式去做,直到这种模式成为你的一种习惯为止;第二种是采用奖励的方法,使自己逐渐形成一种新的行为模式。在此基础上,你最好再制作一个改进评估对比表,使你能够正确地评估出你的改进速度。

5. 一次性地完成一项工作

在足球比赛里,决定胜利的不是你射门的次数,而是你将球射入对方球网中的次数。一球未进,并不会因为你射了10次门而赢得比赛。

高效执行不相信"过程就是结果"。没有结果的过程拉得越长,只能表明你浪费的时间越多。因此,一旦开始做某项工作,就要想方设法去把它做好、做完,千万不要半途而废。

假如你接受的任务非常庞大、复杂,一次性完成是根本不可能的事,那又该怎么办呢?

你可以采用"工作细分化"的方法。把复杂的工作分成若干个具体的小项,即当你发觉在拖延一项重要的工作时,就尽量把它分成许多小而易于"立即动手做的工作"。不要强迫自己一下子完成整项任务,只力争做好你细分的诸多"小工作"中的每一项。当你把诸多的小项一个个完成后,你就会觉得离大功告成之日不远了,而剩余的时间却还有那么多。

人生感悟

不要强迫自己一下子完成整项任务,只力争做好你细分的诸多"小工作"中的每一项。

11　适时创新，挑战人生高度

　　从前，在一个遥远的迷宫里住着四个小精灵——两个小矮人和两只小老鼠，为了填饱肚子和享受乐趣，它们每天都在神奇的迷宫中跑来跑去，寻找一种叫"奶酪"的黄澄澄、香喷喷的食物。历经千辛万苦，它们终于找到了一个奶酪站。从此以后，四个小精灵建立了熟悉的路线并形成了各自的生活习惯，过起了自由自在、无拘无束的安逸生活。

　　突然有一天，两只小老鼠突然发现赖以生存的奶酪不见了，它们想也没想，就匆匆奔向迷宫深处寻找新的奶酪，经过努力，它们最终找到了新的奶酪。而两个小矮人陷入了迷茫之中。起先，他们以为是谁和他们开玩笑，就在奶酪站的周围四处寻找，但是没有找到。他们犹豫不决，用尽一切恶毒的语言来诅咒搬走奶酪的黑心贼，然后开始消沉起来。过了一段时间，其中的一个小矮人认为，与其这样盲目地等下去，还不如到迷宫深处去寻找新的奶酪呢，但另一个小矮人马上就劝阻他的同伴说："你不要再耗费力气了，如果深入迷宫我们还是找不到奶酪，还不如原地不动，

会选择才会有未来

省省力气呢!"结果,这两个小矮人都饿死了。

这是一个有关"奶酪"的故事。我们每个人的内心都有自己想要得到的"奶酪"。我们想得到它,是因为我们相信,它会给我们带来幸福和欢乐,而一旦我们得到了自己梦寐以求的"奶酪"时,又常常会对它产生一种依赖的心理,甚至成为它的附庸。因此,如果失去了它,就会无所适从,不知所措。

故事中的"奶酪"是我们对现实工作中所追求目标的一种比喻。在我们的工作当中,它可以是一个稳定的工作、高额的工资、丰厚的资金、晋升的机会、良好的人际关系、老板的赏识、工作的乐趣、成功的喜悦等等。这些都是我们梦寐以求的东西,但是并不是每个人都能如愿以偿地得到这块诱人"奶酪"。从故事中我们可以得到印证,小老鼠寻找到了自己新的奶酪,小矮人却没有,因为当面对同样的变化时,小老鼠总是把事情简单化,对周围发生的一切早有心理准备,而且直觉告诉它们该怎么办,对待问题和答案都是一样的简单。奶酪站的情况发生了变化,所以它们也决定随之变化,于是匆匆奔向迷宫深处,而小矮人却未能如此。他们所具有复杂的脑筋和人类的情感,却总把事情复杂化:不知所措,怨天尤人,等待别人补偿给他们,始终不敢相信眼前的事实,仍然对失去的抱有失而复得的幻想……这并不是说老鼠比人更聪明,人类那些过于复杂的智慧和情感,有时又何尝不是前进道路上的阻碍呢?其实,老鼠和小矮人代表我们自身的不同方面——简单的一面和复杂的一面。

当事物发生变化时,简单行事有时候会给我们带来许多便利和益处。

在我们的工作中同样面临着这样的问题,我们没有注意到周围环境的变化,抱着坚守工作岗位的态度,一切因循守旧,故步自封,缺少改变。我们总是认为改变只是老板的事,与己无关,自己只要把分内的工作完成即可,除此无他。于是我们忘记了一个真理:谁也不比谁强,谁也不比谁差。你所拥有的,别人同样拥有,如何能够突围而出,高人一筹?如果随形势的变化而变化,发挥创造性思维,不仅对公司有利,也对我们个人的形象、声誉、能力和前途有利,那样,才会增加拥有更大更好"奶酪"的可能性。

纵观事业取得成功的人,没有一个属于那种因循守旧的人,而是能够站在适时改变创新的立场上考虑各种问题的人。

人生感悟

有时,摆脱守旧的思想,尝试用不同的视角来看待工作或事物,就会得到独到的见解和方法。

第四章

选对方向，永远比努力更重要

在人的一生当中，会有很多的追求，很多的憧憬。有追求就会有收获，我们会在不知不觉中拥有很多，有些是我们必须的，还有些则是完全用不着的。那些用不着的东西，除了满足我们的虚荣心之外，最大的可能，就是成为我们的一种负担。

会选择才会有未来

01　正确定位,实现人生价值

在这个多姿多彩的世界,每一个人都有属于自己的位置,有自己的生活方式。你不可能什么都得到,也不可能什么都适合去做,所以一定要找准自己人生的坐标。

一个人怎样给自己定位,将决定其一生成就的大小。志在顶峰的人不会落在平地,甘心做奴隶的人永远也不会成为主人。

你可以长时间卖力工作,创意十足、聪明睿智、才华横溢、屡有洞见,甚至好运连连,可是,如果你无法在人生的道路上给自己正确的定位,不知道自己的方向在哪里,最终将会徒劳无功。

所以说,你给自己怎样定位,就能怎样生活,定位可以改变人生。

一个商贩站在路旁卖橘子,一名商人路过,向他面前的纸盒里投入几枚硬币后,就匆匆忙忙地赶路了。

过了一会儿,商人回来取橘子,说:"对不起,我忘了拿橘子,因为你我毕竟都是商人。"

几年后,这位商人参加一次高级酒会,遇见了一位衣冠楚楚的成功先生向他敬酒致谢,并告诉商人他就是当初卖橘子的商贩。而他生活的改变,完全得益于商人的那句话:"你我都是商人。"

这个故事告诉我们:你定位于商贩,你就是商贩;当你定位于商人,你就是商人。

定位决定人生,定位改变人生。

汽车大王福特从小就在头脑中构想能够在路上行走的机器,用来代替马和人力,而全家人都要他在农场做助手,但福特坚信自己可以成为一

第四章 选对方向,永远比努力更重要

> 我就是当初卖橘子的乞丐。

名机械师。于是他用一年的时间完成别人要三年的机械师培训,之后他花两年多时间研究蒸汽原理,试图实现他的梦想,但没有成功。随后他又投入到汽油机研究上来,每天都梦想着能制造一部汽车。他的创意被发明家爱迪生所赏识,邀请他到底特律公司担任工程师。经过十年努力,他终于成功地制造了第一部汽车引擎。福特的成功,完全归功于他的正确定位和不懈努力。

迈克尔在从商以前,曾是一家酒店的服务生,替客人搬行李、擦车。有一天,一辆豪华的劳斯莱斯轿车停在酒店门口,车主吩咐道:"把车洗洗。"迈克尔那时刚刚中学毕业,从未见过这么漂亮的车子,不免有几分惊喜。他边洗边欣赏这辆车,擦完后,忍不住拉开车门,想上去享受一番。这时,正巧领班走了出来,"你在干什么?"领班训斥道,"你难道不知道自

会选择才会有未来

己的身份和地位？你这种人一辈子也不配坐劳斯莱斯！"

受辱的迈克尔从此发誓："这一辈子我不但要坐上劳斯莱斯，还要拥有自己的劳斯莱斯！"这成了他人生的奋斗目标。许多年以后，他事业有成，果然买了一部劳斯莱斯轿车。如果迈克尔也像领班一样认定自己的命运，也许今天他还在替人擦车、搬行李，最多做一个领班。可见，目标对一个人的一生是何等重要。

在现实中，总有这样一些人，他们或因受宿命论的影响，凡事听天由命；或因性格懦弱，习惯依赖他人；或因责任心太差，不敢承担责任；或因惰性太强，好逸恶劳；或因缺乏理想，混日为生……总之，他们给自己定位低调，遇事逃避，不敢为人之先，不敢转变思路，而被一种消极心态所支配，甚至走向极端。

成功的含义对每个人都可能不同，但无论你怎样看待成功，都必须有自己的定位。

自己把自己不当回事，别人更瞧不起你，生命的价值首先取决于你自己的态度，珍惜独一无二的自己，珍惜这短暂的几十年光阴，然后再去不断充实、发掘自己，相信世界最终一定会认同你的价值。

人生感悟

你定位于商贩，你就是商贩；当你定位于商人，你就是商人。定位决定人生，定位改变人生。

02　选对方向，踏上成功的阶梯

静谧的非洲大草原上，夕阳西下。一头狮子在沉思：明天当太阳升起,我要奔跑,以追上跑得最快的羚羊;此时,一只羚羊也在沉思明天当太阳升起,我要奔跑,以逃脱跑得最快的狮子。

话说这只狮子发现了这只羚羊,追了半天也没追上。别的动物都笑话狮子。狮子说:"我跑是为了一顿晚餐,而羚羊跑却是为了保命,它当然跑得快了。"

是的,无论你是狮子还是羚羊,当太阳升起的时候,你要做的就是奔跑,尽管有的为晚餐,有的为生命。因为目的从来是没有过失的,况且我们处于不同的角色中。

也许你奔跑了一生,也没有到达彼岸,也许你奔跑了一生,也没有登上峰顶,但是抵达终点的不一定是勇士;失败了的,也未必不是英雄。不必太关心奔跑的结局如何。奔跑了,就问心无愧;奔跑了,就是成功的人生。

理想使人具有不折不挠的精神力量。因而当人实现这一愿望的冲动受挫,理想便使人痛苦。实现了自己的理想的人并不少,而因为许多不成功的例子被常常引用,让很多人误以为理想太不容易实现。

人生之路,无需苛求,只要你奔跑,找到适合自己的坐标,路就会在你脚下延伸,人的生命就会真正创新,智慧也得以充分发挥。

生活中,那些所谓的成功者总是被善意地夸张着,好像他一生下来就

会选择才会有未来

注定是一个不平凡的人,而那些曾和你我一样的凡人,却在一遍又一遍地演绎着试图证明自己不是凡人的闹剧。一次又一次的失败之后,凡人开始觉得其实自己只不过是一个凡人。正是由于发现了这一点,所有一切事情的得失就似乎都算不了什么了。一次次相遇的错过,一次次逝去的优越条件,一次次失败……凡人问自己:"这难道就是凡人的悲哀吗?"人就是凡人,凡人就有凡心,于是凡人对自己说:"何必沮丧呢?我为什么要庸人自扰地看着别人的角色而懊丧呢?这个世界一定有一种角色是适合我的。"

凡人渐渐发现,凡人也有成功的时候,一个善意的赞扬,一次深深的感动,一次不菲的收获……都意味着凡人的成功。"成功"这个字眼儿并不意味着像爱因斯坦那样闻名于世,像爱迪生那样造福人类……凡人终于知道所有的成功并不一定要轰轰烈烈,也并不一定要出人头地,只要把握好自己的角色,好好地活着,不在烦恼中虚度光阴,茫茫人海中,凡人也是不平凡的一个……

社会越是发展,人的机遇就会越多。人到中年未实现或未达到的,并不意味着你一生都不能实现。你的一生中也许会几次经历得到,失去,再得,再失,有时你的人生轨迹竟被完全彻底地改变,迫使你一切从头开始。谁准备的越多,应变的能力就越强,成就就越多,慢慢地你会发现有很多适合你的方面。

记住:适合自己的生活才是最好的生活!

人生感悟

在不适合自己志愿的路上奔波,犹如穿上一双不合脚的鞋,会令你十分痛苦。

03　打破常规，收获别样的成功

有人说，人生的成败只在于一个观念的转变。当用正常思维模式行不通的时候，不妨转变思路。这边走不通，走那边，说不定就找到了新的出路，从而开启成功之门。换个思路，变个想法，往往令你取得意想不到的奇妙效果，正所谓"柳暗花明又一村"。

劳尔在 16 岁的时候，暑假将临之际，他对爸爸说："爸爸，我不要整个夏天都向你伸手要钱，我要找个工作。"

父亲对劳尔说："好啊，劳尔，我会想办法给你找个工作。但是恐怕不容易。现在正是人浮于事的时候。"

"你没有弄清我的意思，我并不是要您给我找个工作，我要自己来找。还有，请不要那么消极。虽然现在人浮于事，但我还是相信自己能找个工作。有些人总是可以找到工作的。"

"哪些人？"父亲带着怀疑问。

"那些会动脑筋的人。"儿子回答说。

劳尔在广告栏上仔细寻找，找到了一个很适合他专长的工作，广告上说找工作的人要在第二天早上 8 点钟到达 42 街一个地方。劳尔并没有等到 8 点钟，而是 7 点 45 分就到了那里。他只看到有 20 个男孩排在那里，准备抢先去求见，他是队伍中的第 21 名。

怎样才能引起特别注意而竞争成功呢？这是他的问题，他应该怎样处理这个问题？他进入了那最令人痛苦也最令人快乐的程序——思考。在真正思考的时候，总是会想出办法的，劳尔果真想出了一个办法。他拿出一张纸，在上面写了一些字，然后折得整整齐齐，走向秘书小姐，恭敬地

127

会选择才会有未来

对她说:"小姐,请你马上把这张纸条转交给你的老板,这非常重要。"

先生:我排在队伍中第21位,在你没有看到我之前,请不要做决定。

她是一名老手,如果他是个普通的男孩,她就可能会说:"算了吧,小伙子。你回到队伍的第21个位子上等吧。"但她的直觉告诉她,他不是普通的男孩,他散发出高级职员的一种气质。她把纸条收下了。

"好啊!"她说,"让我来看看这张纸条。"她看了不禁微笑了起来。她立刻站起来,走进老板的办公室,把纸条放在老板的桌上。老板看了也大声笑了起来,因为纸条上写着:

"先生:我排在队伍中第21位,在你没有看到我之前,请不要做决定。"

劳尔因此如愿以偿地得到了工作。

的确,努力也要讲究方法,把动脑和勤奋结合起来,知道怎样努力才能取得最佳效果,就像我们常说的"工欲善其事,必先利其器"。只有方法正确,做起事来才会事半功倍,而单纯地埋头苦干,则难见起色。

无论从事何种职业,执著于某种固定思维模式的人,只会使自己在困难面前丧失灵动性和主动性。懂得转变思路的人,在遭遇困难时能够事事掌握主动,随机应变,灵活运用手中的一切有利条件,从而改变出路,开启新的成功之门。

人生感悟

一切创造力的获得,首先要打破常规常理,不断深入探索,不断地突破自己。一个创新方法,往往胜于多少年的努力和汗水。

04　承受挫折,成功者的必备心理素质

成功学专家拉尔夫曾说:"挫折是成功的前奏曲,因挫折而一蹶不振的人,是生活的失败者,视挫折为人生财富的人,才会获得成功的桂冠。"成功源于态度。每一个成功者都可能经历过失败,但他们并不认为这是失败,并不认为自己不能获得成功,所以他们最后成功了。

美国著名电台广播员莎莉·拉菲尔在她 30 年职业生涯中,曾经被辞退 18 次,可是她从来没有灰心丧气,每次被辞退后都放眼更好的工作,确立更远大的目标。最初由于美国大部分无线电台都认为女性不能吸引观众,所以没有一家无线电台愿意雇用她。她好不容易在纽约的一家无线电台谋求到一份差事,不久却又遭辞退,说她跟不上时代。莎莉总结了失败的教训之后,又向国家广播公司电台推销她的清谈节

129

会选择才会有未来

目构想。电台勉强答应了,但提出要她先在政治台主持节目。"我对政治所知不多,恐怕很难成功。"她也曾一度犹豫,但坚定的信心促使她大胆去尝试。她对广播早已轻车熟路了,于是她利用自己的长处和平易近人的作风,大谈即将到来的 7 月 4 日国庆节对她自己有何种意义,还请观众打电话来畅谈他们的感受。听众立即对这个节目产生兴趣,她也因此而一举成名。

如今的莎莉·拉菲尔已经成为自办电视节目的主持人,并曾两度获得重要的主持人奖项。她说:"我曾经被人辞退 18 次,本来会被这些厄运吓退,做不成我想做的事情。结果相反,我让它们鞭策我勇往直前。"

在面对各种各样的挫折时,我们需要有一种"挫折容忍力"。即能忍受挫折的打击,具备良好的适应能力,以保持正常的心理活动,这是心理健康的标志,也是成功者所必须具备的重要心理素质之一。

英国著名作家、演讲家迪士累利是在遭受了一系列失败的打击之后,才在文学领域取得了人生历程的第一个成就。他的作品《阿尔罗伊的神奇传说》和《革命的史诗》遭到了人们的冷嘲热讽,甚至有人骂他是个精神病患者,他的作品也被人们视为神经错乱的标志。但他毫不气馁,依然继续坚持不懈地从事文学创作,后来终于写出了《康宁斯比》《西比尔》和《坦康雷德》等优秀作品,被人们誉为文学精品,深受读者喜爱。

迪士累利作为一个杰出的演说家,但他在国会下院的首次演讲却以失败告终,并被人戏称为"比阿德尔菲的滑稽剧还要厉害的尖锐叫嚷声而已"。

面对自己那充满学识的演说屡次遭到人们的冷嘲热讽,迪士累利苦恼之际,他举起双臂大声向人们喊道:"我已多次尝试过很多事情了,这些事情还不是在你们的嘲讽下最终取得了成功。我坚信今天的嘲讽只会令我更加努力,总有一天,当你们听到我演说的机会再次到来时,也许被嘲笑的就是你们!"

● **第四章** 选对方向,永远比努力更重要

正如迪士累利所说,这一天果真来了。迪士累利在世界第一次绅士大会上那扣人心弦的演讲,向人们展示了勇往直前的力量和决心将会干出多么杰出的成就,因为迪士累利就是靠辛劳和汗水获得了这样的成功。成功就是最大的报复。他不像许多年轻人那样,遇到失败和挫折就一蹶不振,就躲到阴暗的角落里再也不敢见人。

迪士累利不是这样的人,他遭受失败的打击后依然继续努力,更加奋斗不止,勇往直前。他认真地反思自己,抛弃过去身上存在的缺陷,发扬受公众欢迎的长处,孜孜不倦地练习演说的艺术,刻苦学习议会知识。为了成功,他一次次地用"成功就是最大的报复"来鼓励自己,最后成功终于来了。早年失败的记忆自此从头脑里烟消云散,此时公众一致认为,他是议会里最成功和最有感染力的议员之一。

131

会选择才会有未来

迪士累利的经历向我们揭示了这样一个真理——成功只属于强者。而要做强者,获得事业上的成功,就必须战胜人生道路上的艰难险阻,克服各种各样的挫折。

著名的成功学家拿破仑·希尔曾这样分析失败与挫折:"这里,先让我们说明失败与暂时挫折之间的差别。我们先看看,那种经常被视为失败的事实际上只不过是暂时性的挫折而已。有时候,我甚至认为,这种暂时性的挫折实际上是一种幸福,因为它会使我们振作起来,调整我们的努力方向,使我们向着不同的但却是更正确或者更美好的方向前进。"可见,假如我们能够具备正确面对挫折的能力,挫折不仅不是坏事,而且还可以成为一种积极的心理动力,引导我们以更好的方法或更好的途径去实现目标。

成功的标准和失败的定义都取决于自己,如果你认为自己是成功的,那你就是成功的,没有任何人能否定你;如果你认为自己是失败的,那你将更加失败,别人很难帮助你。成功和失败都是态度的体现,也是态度所产生的结果。

人生感悟

只有你自己才能塑造出适合你自己扮演的成功者的角色。所以,你要走的道路,要完成的事业,只能靠自己决定,别人对你造成的影响非常有限。

05　好马也吃回头草

人们常说:"好马不吃回头草。"他们以好马自居,错过了就错过了,

第四章 选对方向,永远比努力更重要

失去了就失去了,表面上不在乎,心底里却后悔不已,不是他们不想吃回头草,而是他们不好意思去吃。所有的问题都归结于一点,那就是面子问题。然而,面子比自己的前途、自己的幸福还要重要吗?

有这样一个故事:

在一片麦田旁,三个人被告知只有一次选择一根麦穗的机会,且不准走回头路,看谁选的最大。第一个人刚下麦田,就兴冲冲地选择了一个看起来还算够大的麦穗;第二个人下田后,走走看看,以了解麦子的长势,然后差不多走了一半,便选择了一个他认为最大的麦穗;第三个人估计是位足球爱好者,牢记着贝利那句"最好的进球是下一个"的名言,一直在麦田里走啊走,总觉得下面还有更大的麦穗,结果走到了麦田的尽头也没选好,最后,只好就近随便摘了一个麦穗了事。这个故事如果用在爱情或婚姻选择上,那么第三个人最辛苦,也最接近于"不吃回头草"的"好马"。估计可能因为是匹"好马",能走更远的路,所以不回头,结果那个最大的麦穗只能留在回忆中,而最终在麦田尽头随便选一个麦穗作罢。

其实,人一生中真正不能"回头"的事并不算多,如果说人生有时间和空间两大坐标,唯有时间才是真正不能"回头"而一去不复返的。"不吃回头草"只是一句俗话,如果愿意,任何一匹马都可以在不同的时间"光顾"同一棵草,前提是那棵草还在那里等着这匹马。

会选择才会有未来

在日常生活中,有许多人在一个单位待久了就自然而然地觉得再没有什么发展前途了,所以他就想到跳槽而逃离这个已经工作、生活、人际圈子熟悉的老地方。在他们提交辞职报告的时候,自己总是"吃着锅里的,还想着别处的"。当他们在"吃里爬外"的时候,就永远不想回头在此重复自己的人生了。

但是,"月有圆缺,人有祸患",当自己出来的时候也许新的环境并不是自己想象的那么好,此时他又会觉得还是原来的单位好。因此,你不得已是不是想"吃一次回头草"呢!如果你自认为是一匹"好马"又是一匹"勇敢的乖马"的话,那就回头吃一次草也是可以的。不过,在你离开原公司单位时一定要给领导、同事留下一个十分美好的印象,这样等你有机会再度回来工作的时候,他们还是会热情地欢迎你!

所以,人不管离开还是在原处工作,都要谨记给自己留一条"回头路",那么你在工作时就得脚踏实地、任劳任怨、不怕苦不怕难地埋头苦干,相信别人一定会永远铭记着你"敦厚老实、善良勤恳、和谐友好、精明强干"的优良品质与出色才华的!

一位优秀的职业足球教练,自从接手一支毫无进取心的球队以后,就一直焦头烂额。因为俱乐部高层实在是急功近利,为了获得好的名次,总是干涉他的工作。一些能力平平的球员凭借关系硬塞进首发阵容当中,一些早已被证明是平庸的教练也被派来"配合"他工作,他先进的足球思想和战略战术总是被这些"婆婆"们大打折扣。

每次比赛,高层既想求胜又不让他放开手脚,他就这样"带着镣铐跳舞",稍微大胆进攻,就被指责为冒进,好几次都是先进了球,立即全线退守,最终被对手追平甚至反超。赢了球,成绩是大家的;输了球,他却成了出气筒,承受着媒体、球迷的唾骂,里外不是人。终于,职业教练的尊严使他忍无可忍地提交了辞呈。但在"下课"的新闻发布会上,他脸上始终挂着微笑,对球队裹足不前的状况大包大揽,至于辞职原因,强调完全系个人因素,维护团队的团结。

自从这位教练走后,球队更加保守,以"保平"为目的,毫无斗志,被动挨打,成绩一路下滑,甚至被降了级。没有比赛就没有鉴别力,俱乐部终于明白,一个职业教练的作用是无法用行政措施替代的,他的敬业精神也是无须俱乐部来怀疑的,对于球队的成绩,他本人比谁都看得重。俱乐部经过研究做出决定,重新邀请这位前教练掌舵,并且保证绝对不干涉他的任何分内工作。俱乐部首先向他表达了诚挚的歉意,而且向他做出郑重保证不再行政干涉。这位教练见俱乐部方面态度诚恳,并没有对以前的委屈耿耿于怀,考虑几天后便决定重新执掌帅印。在以后的工作中他果然没有受到任何干扰,率领他的队员愈战愈勇,当年升级,次年进入三甲,第三年夺取冠军,取得了辉煌的战绩。

灵活的人是不会计较是否吃回头草的,善于吃回头草的人更能从曾经的错误中吸取教训,能够更清醒地权衡利弊,因此也能比原来做得更加出色。如果这位教练不能信奉"好马不吃回头草"这句话,他也不会创造出职业生涯中新的辉煌。

行走社会,既没有永远的敌人也没有永久的朋友,只有纵横捭阖、左右逢源才能把握住制胜的机会。

在柯金斯担任福特汽车公司经理时,有一天晚上,公司因一件十分紧急的事,要发通告信给所有的营业处,所以需要全体职工协助。

当柯金斯安排一个做书记员的下属去帮助套信封时,那个年轻职员傲慢地说:"那有失我的身份,我不干!我到公司里来不是做套信封工作的。"

听了这话,柯金斯一下就愤怒了,但他平静地说:"既然做这件事是对你的污辱,那就请你另谋高就吧!"于是那个青年一怒之下离开了福特公司。但因为他仍听不进别人的话,所以他跑了很多地方,换了几份工作都觉得很不满意。他终于知道了自己的过错,于是又找到柯金斯,诚挚地

会选择才会有未来

说:"我在外面经历了许多事情,经历得越多,越觉得我那天的行为错了。因此,我想回到这里工作,您还肯任用我吗?""当然可以,"柯金斯说,"因为你现在已经能听取别人的建议了。"

进入福特公司后,那个青年变成了一个很谦逊的人,不再因取得的成绩而骄傲自满,并且经常虚心地向别人请教问题。最后他进入了福特的管理层,成为一个福特的大股东之一。

"好马不吃回头草"这句话不知使人丧失了多少机会。绝大多数人在面临该不该回头时,往往意气用事,明知"回头草"又鲜又嫩,却怎么也不肯回头去吃,自以为这样才是有"志气"。其实是一种很幼稚的做法,你要考虑的是回头草有没有前边的草好,如果你已经攀上高枝,回头草自然是可以不吃的,关键的问题是回头草能不能使你脱颖而出。如果回头草能使你达成心中的理想,意气用事是没有必要的。

倘若我们当初离开是因为环境的恶劣,或根本不合自己的胃口,那完全可以义无反顾地选择新的道路,好马不愁没草吃。如果曾经属于我们的那片草地依然茂盛,我们就应该回头去尝试,草地永远不会拒绝"好马",只是看"好马"愿不愿吃。

人生感悟

成功就是以不熄的热情,从失败走向成功。

06　讲究策略,运筹帷幄定人生

有这样一则寓言故事:澳洲政府捐赠了两只袋鼠给新西兰的一家动

物园。为了哺育繁衍更多的袋鼠,园方有关人员咨询了动物专家,然后耗资兴建了一个既舒适又宽敞的围场。为了防止袋鼠跳走,园方又在围场的周围筑了一个 1 米高的篱笆。奇怪的是第二天早上,动物管理员发现袋鼠们居然在围场外吃着青草。

于是,园方便将围场的篱笆加高了 0.5 米,心想这下应该跳不出去了吧。

但是同样的事情隔天又发生了,袋鼠们仍然在动物园里四处活蹦乱跳着。

肯定是围场的篱笆还不够高。所以,动物管理员便向园方建议,再将篱笆增高 0.5 米。

但让管理员大吃一惊的是,第三天袋鼠们依旧不在围场里,而在动物园里四处游逛。

管理人员百思不得其解,两米高的篱笆,已经足够高了!

这时,围场隔壁的长颈鹿也忍不住好奇心,问其中一只袋鼠:"你是怎么跳出两米高的篱笆的?你到底能跳多高?"

袋鼠笑着回答说:"我实在弄不明白,人类为什么总是加高篱笆的高度。事实上,我从来都不是跳出篱笆,而是走出围场的,因为他们从来就没有把围场的门关上。"

"那你认为这些人会不会继续加高你们的围场篱笆?"长颈鹿又问。

"很难说。"袋鼠说,"如果他再继续忘记关门的话。"

任何时候,只有认识到问题的真正所在,才能将问题处理在"点"上,并高效解决它。这就好像寓言故事中的园方管理员,只有将袋鼠围场的门关上,才能有效解决袋鼠跳出来的问题,而不是一味地增加篱笆的高度。

在工作中,提高工作效率,是每个员工梦寐以求的事。有的人通过努力实现了梦想,但更多的人是在努力之后,却仍不得不面对绩效平庸的结

会选择才会有未来

果。当然他们并不甘心,带着满腔热情,左冲右突,但结果还是令人难过的低绩效。

艰辛的付出为什么没能得到相应的回报？究其原因,就在于他们在努力之前,并没有找到制约业绩提高的真正"瓶颈"。所有付出,只不过是在拿那些并不影响绩效的问题开刀。

所以说,认清问题是解决问题的重中之重。这就需要我们调动自身的洞察力,对工作的每一个环节进行检查。这也许会令你不太舒服,但却是认清问题的必须。然而在现实中却有些人,他们自认为自己无所不知。面对绩效不彰的事实,他们认为自己就是闭上双眼或注视空气,也能知道事实真相。尚未经过调查,就认为自己已经知道事实真相与绩效不彰的原因。他们永远不会自问："造成绩效不彰的真正原因是什么？"低绩效的事实刚摆在面前,他们就会马上宣布他们想当然的原因以及该采取的行动。结果一切努力都是白费,甚至让问题变得更复杂。

古时有个张员外,是当地数一数二的大地主。他家有良田千顷,黄金万两,日子过得顺心如意。但某年夏天,不知什么缘故,张员外家突然接连发生四次火灾。幸亏四周的乡邻帮着救火,张员外才没有受太大的损失。尽管如此,爱财如命的张员外的心里仍惶惶不安,因为他不知哪一天又会发生第五次,甚至第六次火灾。怎样才能防止火灾再次发生,将火灾带来的损失降到最低点呢?一位亲戚向张员外建议,在院子里、过道里、大门内外多摆上几个大缸,随时装满水,再摆上几个水桶备用。张员外听后连声称"妙",依计而行。果然,第五次火灾被迅速扑灭,几乎没受什么损失。但张员外在庆幸之余仍感焦虑,他不知要防到何时才是尽头。一天,有位客人到张员外家做客。偶然看见张员外家的灶上烟囱是直的,旁边又有很多木柴,便对张员外说,烟囱要改曲,木柴须移去,否则还会有火灾。张员外半信半疑,将烟囱改曲,木柴移走。从那以后,张员外家里再也没有失过火。

由此可见,要想消除火灾的隐患,先强调"救火策略",只不过是治标。只有认清问题并找到问题的症结,才能从根本上解决问题。找出问题的症结是认清问题的延伸。在着手解决问题之前,如果你不能正确地找出绩效不彰的起因,即使认识到问题出在哪儿,你的改善方向也会出现偏差,绩效也难以得到实质性的提高。因此,相对于"治标"来讲,能从问题的根本症结入手来处理问题,更有价值,意义也更大。这样的人也才是真正的解决问题的高手。

要想寻找到问题的症结,从根本入手解决它,必须按照下面的四个步骤去做:

第一步:确认绩效不佳的事实。

第二步:自我叙述一下怎样才是好的表现,怎样是不好的表现。

第三步：以此为标尺，去衡量一下工作中所有自认为好的表现，看看是否有失真的地方，最好列出一张"失真"的清单，以备对照改善。

第四步：细心倾听其他人对你工作的评价。俗话说："当局者迷，旁观者清。"别人的评价，常会让一些潜在的问题浮出水面。

问题往往是有效执行的拦路虎，只有解决它，才有可能顺利完成任务。但解决问题时不能只治标不治本，否则拦路虎随时还会"跳出"，彻底打乱完成任务的计划。只有认清问题并找出问题的症结所在，才能从根本上摆脱问题的束缚，保证任务的顺利完成。

不必海阔天空，能把事情想到点子上的就是大智者；不必口若悬河，能把话说到点子上的就是真口才；不必东奔西走，能把事做到点子上的就是好人才。要迅速地把事情做到点子上，就需要有一种全智的思维模式，能便捷地分析出问题的症结所在，从而快速地制定出自己的策略。

人生感悟

独辟蹊径才能创造出伟大的业绩，在平稳的街道上挤来挤去不会有所作为。

07 选择放手，成就另一番事业

一个人怎么看待生活中遇到的问题，可以在很大程度上表明他的品性。他怎么去看待困难，是他在遭遇逆境时作何反应的重要指标。有些事让一个人一蹶不振，却让另一个人越发坚强。有句老话说得好："上帝关上一扇门，就会打开另一扇门。"

第四章 选对方向，永远比努力更重要

问题意味着机遇，这是所有优秀员工的最基本的观念。在工作中，每当他们面对问题时，他们总会这样想："这里面有什么样的机会呢？"

在优秀员工的眼中，问题永远不是"无法完成任务"的预言家，而是"机遇"的乔装者。无论所面对什么样的问题，优秀人士所做的，首先是坦然地接受"问题"这一事实，然后对这个问题作出冷静、清晰的分析，积极行动，让隐藏在问题背后的机会浮出水面。因此，每当问题到来，他们总会说："感谢上帝！又有巨大的机遇等着我们去发现了。"而不是放下工作，中途逃避、退缩。

国际影星奥黛丽·赫本曾立志做一名芭蕾舞演员，但老师却以为她不具备这方面的才华，她痛苦极了。最后她果断地放弃了这一梦想，毅然进军好莱坞。凭借高超的演技和天使般的形象，奥黛丽·赫本成为一名

会选择才会有未来

深受世界各国人民喜爱的电影明星。

西班牙歌手胡利奥是誉满全球的歌手,但很少有人知道,在这之前,他最大的愿望不是做歌手,而是做一名足球运动员。但是事与愿违,当他一心一意训练自己的足球技能时,一场不幸的交通事故发生了,这使他不得不放弃钟情已久的足球事业,而转向歌坛方向发展。

日本著名作家井伏鳟二,从少年时代起便爱好绘画。毕业实习后更是迫不及待地叩响了日本画家的门,却被一一拒之门外。梦想破灭之后,井伏鳟二决定开辟一条新的发展之路,后来,他考入早稻田大学,最终成为一名著名的作家。

奥黛丽·赫本、胡里奥、井伏鳟二三人都从挫折中崛起的奇迹,就是"问题就是机遇"的最好诠释。

有专家调查,一般情况下,人们只使用了自身全部潜能的3%,而在绞尽脑汁地思谋对策时,则会调动出平时未使用的97%的潜能。所以,当你在工作中遭遇挫折和阻力时,千万不要轻易退缩。事实上,即使身陷问题的深渊,只要你改变自己的思考方式,利用逆向思维,就会发现:将自己逼入绝境的困难和挫折,正是开掘无限潜能的绝佳机会。从问题中发现并把握住机遇,就能变不利局面为有利局面。

卡耐尔·桑达斯是肯德基炸鸡的创始人。他6岁时父亲去世了,卡耐尔·桑达斯为了照顾年幼的弟弟,补贴家庭的支出,开始进入田间劳动。随着年龄的增长,卡耐尔步入社会,参加工作。但他是个性子暴烈、不实现自己的愿望绝不罢休的人。这种固执的性格,使得他总与别人争吵,为此他不得不多次变换工作。他非常讨厌被别人使来唤去。开始时,自己经营一家汽车加油站,但不久受经济危机的影响,加油站倒闭了。第二年,他又重新开张了一家带有餐馆的汽车加油站,因为服务周到且饭菜可口,生意十分兴隆。但是,一场无情的大火把他的餐馆烧了个精光,他最终还是振奋精神,建立了一个比以前规模更大的餐馆,餐馆生意再次兴隆起来。可是,厄运又找上了门。因为附近另外一条新的交通要道建成通车,卡耐尔加油站前的那条路变成背街的道路,顾客因此锐减。卡耐尔不得不放弃了餐馆,这时的卡耐尔已65岁了。然而,他并未死心。他想到手边还保留着极为珍贵的一份专利——制作炸鸡的秘方,现在,他决定卖掉。为了卖掉这份秘方,他开始走访美国国内的快餐馆,他教授给各家餐馆制作炸鸡的秘诀——调味酱,每售出一份炸鸡他获得5美分的回扣。5年之后,出售这种炸鸡的餐馆遍及美国及加拿大,共计400家。到1902年,由他创建的肯德基炸鸡连锁店在全美就达到4000多家。

从卡耐尔先生的身上,我们还可以看出,把问题化为机会并不像我们想象得那么难。很多的时候,把问题化为机会往往只需要一个想法,再加上实际行动。真正要做到这一点,首先就不能让错误的意识占据大脑。要正确对待工作中的困难和挫折,从积极的一面赋予"问题"以新的含义。在很多情况下,一些问题虽然高举"此路不通"的警示牌,但仔细研究你就会发现在它周围还有比以前更好、更有利于提高工作效率的办法,这就是"机遇"。从思想上认识到"问题"积极的一面,还远远不够,你还要从行动上有所表示——勇于挑战问题,要做到这一点并不容易。

1. 你必须在心理上向问题宣战,要以百倍的信心从挫折的阴影中走出来。只有走出阴影,你才能看见前面那片晴朗的天空——最有利的机遇。

2. 不要对已取得的成绩沾沾自喜。问题不是解决了一个就永远消失的,随着工作的进展,它还会以不同的新面孔出现。所以,今天,你要尽最大的努力去挑战问题;明天,你则要尽更大的努力去挑战更大的问题。也就是说,你应该时刻保持"从问题中寻找机遇"的意识,这样,"问题"才不会成为你"高效工作"的障碍,而成为你成功的垫脚石和跳板。

3. 在挑战问题的同时,还需要培养敏锐的洞察力,就像一名优秀的特工一样密切观察问题、分析问题,这是把问题化为机遇的关键环节。

会选择才会有未来

高绩效员工的眼睛都是雪亮的,因为他们善于捕捉信息,抓住机遇。也就是说,他们善于把"问题"变成机遇,变成高绩效的资本。

美国曾经掀起淘金热潮,淘金生活异常艰苦,最痛苦的是没有水喝。人们一面寻找金矿,一面不停地抱怨,甲说:"谁让我喝一壶凉水,我情愿给他一块金币。"乙宣布:"谁让我痛饮一顿,我将给他两块金币。"丙发誓:"老子出三块金币!"当时也是淘金者的亚默尔,同样也遭遇到没水喝的困境,也发出过没水喝的抱怨声。

但后来亚默尔不再抱怨了。他从"没水喝"的问题中发现了机遇:如果将水卖给这些人喝,比挖矿更能赚钱,于是他毅然放弃淘金,用挖金矿的铁锹去挖水渠,将水运到那里,一壶一壶卖给找金矿的人。一起淘金的伙伴们都嘲笑他:"不挖金子发大财,却干这种蝇头小利的买卖。"后来,那些淘金者大多空手而归,而亚默尔却在很短的时间内靠卖水发了大财。

上帝是公平的,机会是平等的,"没水喝"的问题摆在所有淘金者面前,可是人们却忽视了它,根本没有看到其中隐藏的机遇,甚至还嘲笑那些把问题化成机遇的人的做法。

工作中,低效员工往往从表面上探寻高绩效的原因,归之于条件,归之于机遇,而实际上起决定作用的是人的自身素质。敏锐的洞察力的素质,将决定你能否发现别人看不到的"问题中的机遇"。敏锐的洞察力像一把锐利的尖刀,为你剖开问题的表层,让你看到紧裹在其中的"核"——机遇。

正确的思考者总是愿意接受问题,就像欢迎一个带来更大满足的良机。因为遭遇任何问题,都是激发创造能力的大好机会。当一个问题出现的时候,有创造力的人会想出一个办法来消除,他们若是跨不过去,就会钻过去,若是钻不过去,就会绕过去。有这么多选择,他们一点儿也不为困难而忧虑。重要的是现在到底有没有困难。如果没有困难,很好;若是有困难,还是很好,因为那就有挑战可以面对,有新的问题可以解决了。

人生感悟

失败交给你选择权,失败给你提供了更多的选择机会。

08 选择合作,众人拾柴火焰高

善于合作才能双赢,才能及早获得成功。个人的力量总是有限的,与人联合则可以壮大自己。

在大海里,大鱼凭借着自己的大嘴巴,吞食小鱼填饱肚子。但大鱼也有自己的烦恼,它的嘴里经常会遗留下许多食物碎屑。这些食物如果不能及时去除,就会衍生出许多寄生虫,而危害牙齿的健康。但事实上,几乎所有的大鱼都拥有健康的牙齿,那么它们是怎样维护自己牙齿的呢?原来,大海里有一种俗称清道夫的小鱼,它最擅长为大鱼挖出嘴里的寄生虫和食物并以此来填饱自己的肚皮。而大鱼也从来不会将清道夫吞进肚子里,这么一来,清道夫吃饱了,大鱼的嘴也就被清理的一干二净。这种互利的解决问题方式被称为"双赢"。

双赢,顾名思义就是对双方都有利,就像清道夫小鱼和大鱼那样。双赢是解决问题的最高原则,以双赢的态度看待问题、处理问题,对任何人而言都有百益而无一害。

在成功的路上,大凡明智的人都懂得联合起来改变自己的命运,历史上六国联合抗秦,都得互保,而联合一旦破裂,就都被强秦所灭。

正如前面所说,解决问题的原则应该是在满足自身利益的同时,兼顾

会选择才会有未来

公司的利益,只有互惠互利,才能使问题处理得更加完美。双赢的价值就体现在这里,在解决问题时若能兼顾公司的利益,你就会发现保全公司利益更能给自己带来好处。而损公利己地处理问题,其结果只能使"问题"的难度成倍增加,更不利于问题的解决。作为一名员工,你的根本职责是为公司谋取利益,而不是为你自己争利益。千万不可本末倒置,将个人利益凌驾于公司利益之上。

张平在一家大公司任职,能说会道,才华出众,所以很快被提拔为技术部经理。谁都认为,更好的前途正在等着他。

有一天,一位港商请张平喝酒,席间港商说:"最近我的公司和你们公司正在谈一个合作项目,如果你能把你手头的技术资料提供给我一份,这将会使我们公司在谈判中占据主动。"

"什么?你是说,让我做泄露机密的事?"张平皱着眉头道。

港商小声说:"这事儿只有你知我知,决不会影响你。"说着,将15万元的支票递给了张平。在利益的驱使下,张平动心了,他把手中的所有技术资料均复制了一份,送给港商。

在接下来的谈判中,张平的公司十分被动,损失很大。事后,公司查明真相,辞退了张平。真是赔了夫人又折兵,本可大展宏图的张平因此不但失去了工作,就连那15万元的"好处费"也被公司追回,以赔偿损失,张平懊悔不已,但为时已晚。

因此,要想跻身"解决问题的高手"之列,坚持双赢的原则是必需的。而要做到双赢,首先必须有良好的心态,从公司的立场去分析问题。这样你才能知道你对一件事的处理方式是否会损害公司的利益。这是双赢的根本和保证,也只有这样,你在处理问题时,才能做得更到位、更高效。

马克供职于当地一家知名的广告公司,他思维敏捷,由他一手策划的宣传计划,不论是艺术构想还是细节渲染都可以称得上"精品"。可不知为什么,这些"精品"无一例外地均被老板"枪毙",马克又纳闷又苦恼。一天,马克又向老板提出一个自以为很好的宣传计划。这个宣传计划的制作,可以说是完美得无懈可击,刚开始,老板也听得眉飞色舞。但随着马克的进一步叙述,老板的态度渐渐冷淡下来。

马克的心不由地紧张起来,"一定是卡在某个地方了。"他暗自揣测,转念又一想,自己所做的所有计划虽然很完美,但均需要花很多钱,而公司最紧张的就是钱,不妨从这个角度着手。于是马克又说:

"宣传计划既然这么好,不妨邀请一些厂家赞助,这不是我们省钱的问题,而是一石二鸟,互助互惠。"

话未说完,老板又眉开眼笑,大表赞同。

马克的计划终于通过了。

由此可见,在解决问题时要取得双赢并不难,关键就看你怎样去看待、去处理。有些问题的出现,往往是由于你只考虑自己造成的,有些问题在解决时出现障碍,也常是出于这种原因。如果你能换个角度想想,站在公司的立场上客观看待,也许很快就能找到使公司与自己都满意的解决方案。

当然,双赢处理模式虽然不错,但也不是最完美的。有时双赢的负面影响,最终会让个人会多少付出些代价。比如,双赢是在双方的利益之上达成的,这样不可避免地就会出现要达成双赢就必须牺牲一部分个人利

147

会选择才会有未来

益的情况。这就要求你首先具有达成双赢的信念和决心,肯牺牲少数个人利益保护公司利益。问题的出现,有时是由于个人与公司之间出现了最直接的利益冲突,这种冲突常常是"不可调和的"。要解决这类问题就需要作为个人的你有从自身的根本职责出发,牺牲自身利益顾全大局的信念和决心,这样才能最大限度地促成双赢的局面,把问题顺利解决,正所谓"退一步海阔天空。"

位于埃及与以色列之间的西奈半岛,曾是两国争夺的焦点。这个地区是以色列军队从埃及手中夺来的,矛盾在很长时间内都无法解决。双方决定坐下来谈判。

在这期间,以色列坚决地说:"归还半岛我们做不到,放弃西奈半岛就像我们放弃盔甲,这样你们就会乘虚而入,随时都可以把坦克大炮开过来。"

埃及也毫不示弱:"我们一定要彻底收回西奈半岛的管辖权,因为它在法老时代就属于我们,它是我们的文化,我们的自尊。"

就在谈判将要接近白热化的时候,双方都想到了一个双赢的好办法:以色列归还西奈半岛,但其中大部分地区划分为"非军事区"。也就是说,半岛上虽然插着埃及的国旗,却不会有他们的大炮坦克。如此一来既实现了双方的愿望,又避免了战争的发生。

后退一步是达成双赢的关键。不仅解决国际争端要有后退一步的涵养和智慧,在公司与个人利益之间,适度的后退也是解决问题最有效的手段。所以,在工作中,面对不可调和的利益冲突,千万不要摆出"鱼死网破"的架势去解决。这样只会使问题升级,对你、对公司都不利,退一步海阔天空的双赢模式,才是你的最佳且唯一正确的选择。

西方有句名言:"思想决定命运。"思考时与人相互合作,也会产生类似的效果。只要你以一种开放的心态做好准备,只要你能包容他人,你就有可能在与他人的协作中实现仅凭自己的力量所无法实现的理想。

第四章 选对方向，永远比努力更重要

人生感悟

成群的大雁以"V"字形飞行，就比一只雁单独飞行要省力，也能飞得更远。

09　善于求助，成功路上不孤单

优秀员工之所以能把问题快速处理好，除了他们自身的智慧和能力之外，很重要的一点还在于他们善于寻求帮助。同样，作为一名普通的员工，要想跨入优秀员工的行列，对一些力不能及的问题，也要懂得寻求别人的帮助。只有这样，你才能以一种最简便有效的方法妥善处理好问题，使工作进度不受影响。

但是，许多职场人在碰到问题后，羞于请求别人的帮助，认为这样做有损自己的面子，是在承认别人比自己能力更强、知识更广。这是一种非常愚蠢的自傲心理，自傲的结果，往往会阻塞别人为你提供帮助的途径，也不利于问题的解决。

安塞尔是一家路桥公司的员工，一天，上司让他和一个同事核算一个建筑项目的费用。为了尽快完成工作，安塞尔和同事把工作分开做。在核算时，安塞尔对其中一个数字把握不准，不知道核算公式是否正确，但他不愿意请教同事，虽然同事曾明确表示有需要帮助的地方尽管说。但安塞尔不愿让同事觉得自己的工作能力逊色于他，最后他按照拿不准的公式进行了核算。后来，发生了一系列事情都与安塞尔的这项核算有关。他把公式用错了，预算费用出现了极大的误差，而突然出现的资金空洞，几乎把整个公司拖垮。

149

会选择才会有未来

"一个篱笆三个桩,一个好汉三个帮。"每个人的能力都是有限的,都需要别人的帮助,特别是在遭遇困难和挫折的时候,更是如此。所以,当工作中出现个人问题不能解决时,你千万不要顾及自己的面子,拒绝或轻视可能得到的外来帮助。要有勇气放低姿态,积极地寻求帮助。

也许,当你在寻求帮助时会遭遇拒绝。但你千万不可因此而放弃寻求帮助的打算,当你遭遇拒绝的尴尬时,多半表示你问错了人。事实证明,与其纠缠那些不能真正帮助你的人,还不如去问一个确确实实能提供帮助的人。这就需要你懂得选择正确的帮助对象。

正确的帮助来自于正确的帮助对象。一个电影明星的演技或许是无可挑剔的,但如果让她来证明剧本的好坏,恐怕不能一语中的地指出其中所存在的问题。一个传道士或许很正直诚实,但如果要他证明某种专卖药品的质量优劣,难免不会给出错误的结论。因此,罗斯福总统打猎的时候,他去请教一名猎人,而不是一个政治家。他有政治问题的时候,请教的对象会是一名政治家,而不会是一名猎人。因为他知道,只有对问题能提供相应帮助的对象,才会具有与问题相应的知识和经验,一言以蔽之,要针对问题的本质,选择正确的帮助对象。

现代职场上,同事中的良师益友是工作中不可缺少的"必需品"。他们也许并不能帮你避免做好工作、成就事业的过程中必须付出的代价,但却可以指引你走过这条路。一名出色的向导不仅能指出无数条通往相同目的地的道路,还能帮你找出最佳路径及告诉你哪些踏脚石可以帮你安全过河。他虽不能代替你跨过河流,却能告诉你应避免哪些使你落水的踏脚石。

菲尔是一家电器公司的业务员,业绩斐然,一直是同事艳羡的对象。但菲尔在刚刚开始工作时,情形却恰恰相反。那时的菲尔对业务工作非常陌生,便主动请教同事,同事怕他抢了自己的客户,均不坦诚相告。菲尔苦恼极了。一天,沮丧的菲尔在和一个门卫说话时,惊喜地发现门卫竟然对业务十分精通,特别是与客户打交道这方面。后来,菲尔便提出了困扰自己工作的诸多问题,诚恳地请求门卫帮助他,门卫被他的诚意打动了,耐心地为菲尔指点"迷津"。结果,菲尔如愿以偿,在门卫的帮助下,他和客户交往时越发得心应手,工作也越做越出色。

在现实中,以诚恳的态度去请求帮助,哪怕这个人是对手、仇敌,也会热情地伸出援助之手,帮助你摆脱问题的困扰。

戴克是铅管和暖气材料的推销商,他很想和一位业务大、信誉好的铅管商合作,可是那位铅管商以粗鲁、无礼和刻薄而著称,使戴克吃尽了苦头。每当戴克敲响他办公室的门,准备进入时,他便粗暴地吼道:"你赶快走开,不要浪费我的时间。"

戴克感到自尊心受到了极大的伤害,同时也失去了信心,认为不可能与他建立起生意上的合作伙伴。

后来,戴克的公司打算在皇后新社区收购一家公司。对这项提议,戴克一直迟疑不决,因为他对那个社区不是很了解,而周围也没有了解的人。一天,他听一个下属说,那位铅管商对那一带十分熟悉,并且有许多主顾。戴克决定不计前嫌,去请教他。

戴克对暴跳如雷的铅管商说:"请别急,先生,我今天不是来推销产品的,而是真诚地来向您道歉,因为我以前的打扰,同时我还要真诚地向您请教一个问题。不知您能否抽出一点时间?我们公司想在皇后新社区收购一家公司,您对那里的情况太熟悉了,比常住在那里的人还熟悉,因此我想请您帮个忙。"

听完戴克的话,那位铅管商竟怒气顿消,变得出奇地客气,连忙让座,然后,他不厌其烦地解说那里的特性和在那里设立分公司的优缺点,并诚恳地劝戴克不要在那里设分公司,以及讲解作推销商怎样去开拓业务的办法。

通过那次交谈,戴克获益匪浅。铅管商不但帮他解决了是否设分公司的难题,还让他获得了可观的订单。

会选择才会有未来

在解决问题时,如果别人给你的帮助是错的,也不可归咎于他们,这只能说明,关于"寻求帮助"还有一件很重要的事你没有做好——衡量别人所提供帮助的对错与优劣及其可行性。

衡量帮助的质量最简单的方法,是看提供帮助者是否真正喜欢你,诚心想帮助你,而且他是否十分了解你,清楚你的工作能力,等等。

罗斯福在牧场做工时,同他上面的一个头目麦利菲德在培德兰打猎。他们看见了一群野鸡,罗斯福便追着去打。

"不要打!"麦利菲德喊着。罗斯福对这个命令毫不理会。当他的眼睛正盯着野鸡的时候,忽然从树林中跑来一只狮子,从罗斯福眼前掠过,罗斯福想拿出手枪,但已经太迟了,麦利菲德红着眼珠,责骂罗斯福是头等的傻子,并以命令的口吻说道:"我每次举起手枪的时候,你就要站着不动,懂吗?"

罗斯福平静地听着上司的训斥。因为他知道上司是对的,他这样做是真心为自己好。

许多学有专长的同事其实很愿意与你分享他们的知识和经验。你就需要根据自己的目标及时间的不同,随时找寻可以指导你的良师益友。只要你摆正心态,放低姿态,一定可以学到更多的东西。

人生感悟

永远都不要怀疑,同事就是你身边最好的老师。

第五章

行动起来，成功从不等待

有梦想的生活就过得有滋有味，世界在眼中就精彩无限，这是人生活得美妙的第一步。但只有梦想，而不付诸行动，也只能是空想、幻想而已。每个人的梦想不同，实现梦想的途径各异，但不管怎样，各人应该根据自己的实际能力确定自己的梦想，然后脚踏实地一步一步去努力奋斗，梦想才能实现。

会选择才会有未来

01　高效管理时间，让人生从容不迫

踏进职场后，你是否蓦然发觉自己很忙。这几乎是每个职场中人都会遇到的问题。

但只要你去寻找，你又将会发现，那些成就大的人都已经培养出一种习惯，把影响到他们工作的重要事实全部综合起来并加以使用。这样一来，他们工作起来会比一般人更为轻松愉快。由于他们已经掌握了思考技巧，知道如何从不重要的事实中抽出重要的事实，因此，他们等于已为自己的工作找到了一个支点，只要用小指头轻轻一按，就能移动你即使以整个身体的重量也无法移动的沉重工作分量。

因此，在任何一个销售机构中，通常约有80%的生意是由20%的销售员所完成的。在会议中，几乎80%的意见是由20%的与会者提出的。在一个公司里，80%的缺席率集中在20%的员工上。在课堂上，老师80%的时间是被20%的学生所占用。这就是著名的"二八定律"。

心理专家指出，如果你懂得时间管理，懂得有效安排工作，压力就会减轻甚至消失，你就会更有效率地完成工作计划，并从中感受到快乐。

大多事业有成就的人，都是懂得有效管理时间的人。现在通行的时间管理体系，就是把事情按照轻重缓急的关系来阐述时间的应用。

事情根据轻重缓急的程度，被划分为四大类：第一类是既重要又紧急的事情，如突发性的重要事件、危机、期限逼近的任务等。这些事情是你需要停下手头的一切事情马上去解决的，但实际上这样的工作并不是很多。第二类是重要而不紧急的事，如跟客户建立关系、制订计划、"充电"学习等。这类工作是卓有成效的时间管理的核心，是打基础的阶段。如

第五章 行动起来，成功从不等待

果你认为这些事情虽然很重要，可因为不是迫在眉睫反而避重就轻，迟迟不做，那么这类事情堆积得越多，带给你第一类的压力和危机就会越大。第三类是不重要而紧急的事情，如临时插入的电话、插入的报告、需要签署的文件等。你如果把精力用在这些事情上，就会被这些看上去很忙的事情左右着，实际工作却没有什么实质性的进展。第四类是不重要不紧急的事情，如与重要事情发生冲突的聚会、某些电话、邮件等。有些人不堪工作重压，因此十分偏爱第四类，做那些不重要也不紧急的工作，实际上是在浪费时间。

卓有成效的人会努力避开第三、第四类，因为不管它们紧急与否，它们都不重要。他们还会尽量缩小第一类的工作量，把较多的时间用在第二类事情上。

唐丽和文敏在同一家公司上班，在同一办公室里做着相同的工作。这天，她们面临着同样的事情：1.做出下季度的部门工作计划，第二天上午交给老板；2.约见一个重要的客户；3.11点半去机场接5年没见面的大学同学，并把她送到酒店里；4.要去一趟医院，诊治花粉过敏症；5.去银行办理相关的手续；6.下班后和丈夫约会，因为今天是个纪念日。

先看唐丽是怎么做的：

唐丽因为前一天晚上睡晚了，早晨起床有些迟，她匆忙打车到公司，却还是迟到了5分钟。一进办公室的门，就听到电话响，是老板提醒她明天一上班就要交计划书。

她打开电脑，上网查看信箱，开始一一回复客户和公司的邮件，不停地打电话答复分公司的问询。最后一个电话结束，已经11点了！向上司告假一小会儿，匆忙赶到机场，还好刚过10分钟，打电话给同学一问，原来是飞机晚点。12点见到同学，送到酒店，一起吃饭。这顿饭吃得有点心不在焉，因为下午两点半要和客户见面，所以一边吃饭一边打电话和客户约定地点。下午两点跟同学告别，赶到约定地点。因为花粉过敏，和客

157

会选择才会有未来

户约见的时候一个劲儿打喷嚏,连说"sorry",很是狼狈。回到公司,刚刚坐定,想写工作计划,银行的电话来催了。赶到银行,银行突然需加一份文件,气得跟银行工作人员理论了半天,又返回公司。这时差一个小时就下班了,她觉得太累了,不想再写那份计划书,先给同学打了一个电话,聊聊天感觉好了许多。放下电话,看到满桌堆着的文件,忽然觉得特烦,决定整理已拖了几个星期的文件。整理完文件,已经到了下班时间。下午6点跟丈夫约会,一起吃晚饭庆祝纪念日,有点累,不断打哈欠。回到家,丈夫休息了,她却不得不泡了一杯浓浓的咖啡,坐在电脑前,继续完成工作计划。

再来看文敏是怎么做的:

文敏在前一天晚上睡觉前就把第二天要做的重要的事情在脑海里过了一遍。

准时上班后,开始打电话。先给各分公司打电话,请他们将相关材料通过电子邮件传送过来,并且告知上午不再接受他们的其他询问,下午她会给予答复;然后给客户打电话约时间地点,将客户约见地点安排在同学预订酒店的楼下咖啡店里再给机场电话,确定班机到达时间;最后给银行打电话,确定相关手续的准备材料。打完电话后,抓紧写工作计划,因为前一周已经零打碎敲得差不多了,所以很快完成,并上传给老板。中间除了几个要接的电话,其他工作全部暂停。11点离开公司,顺便拿上了到银行的一切资料。因为知道飞机晚点半小时,所以路过医院看花粉过敏症。从医院出来,直接到机场接同学,在酒店吃了一个快乐的怀旧中餐,然后直接到旁边的咖啡店和客户谈事情,去银行办完手续后,回到公司,将上午各分公司的事务集中处理完结。5点半,接到丈夫打来的电话,到洗手间把自己重新打扮一番,漂漂亮亮地约会吃晚饭,过了一个有情调的纪念日。

从唐丽和文敏对工作的处理来看,唐丽没有按照事情的轻重缓急来组织和行事,所以搞得一天既紧张又忙碌,而且工作还没有做漂亮。而文敏,深谙有效管理时间的精髓,从容不迫地出色完成了任务。

每天有许许多多的事情等着我们去做,如果不分主次地进行工作,那么到头来我们不仅"丢了西瓜",很有可能连"芝麻"也没有捡到,使一些本来可以"生出效益的时间"白白地浪费掉。

聪明的人知道如何把十分有限的时间用在刀刃上,发挥它的最大功效。

经验告诉我们,没有人能永远按照事情的轻重程度去做事。但请注意:处理事务分不清轻重缓急是一种对办公时间无谓的浪费。它是办公中另一种隐形浪费,还会把辛勤劳动的成果弄得乱七八糟,就如同包裹在美丽蝴蝶身上的那一层难看的蛹衣,会掩盖住你的一些出色的工作能力。

如果你想学会有效管理自己的时间,那就请按照下面几点去做:

会选择才会有未来

1. 分清主次，有计划地做事

一天的工作，你要先进行整理，看看哪些是既重要的又紧急的，哪些是重要而不紧急的，哪些不重要而紧急的，哪些既不重要也不紧急的，分清事情的主次，该先做哪件事，后做哪件事，做到有的放矢，从容不迫。

2. 正确处理突如其来的杂事

对待突然插进来的无关紧要的电话、突然出现在桌上的文件等杂事小事，你要敢于说"NO"，或者暂时放到一边，以免打乱了你的工作思路和计划。

3. 用合并同类项的方法做事

在同一时间段里，把几件事情的发生地点都圈在同一区域内，尽可能搭顺风车，也可以利用别人提供给你的顺便机会，搭客户 A 的车去见客户 B，少走弯路，减少无谓的时间消耗。

4. 专事专办

在你做一些重要而棘手的事时，专门设立一个时间段，在这个时间段内，你要避免打扰，更不能改变初衷去做别的事。

比尔·盖茨认为：那些善于管理时间的人，不管做什么事情时，首先都用分清主次的办法来统筹时间，把时间用在最有"生产力"的地方。

如果你想成功，首先做一个优秀的时间管理者，让每一分每一秒的时间，发挥出它最大的效益。

人生感悟

必须记住，我们的工作时间是有限的。时间有限，不只是由于人生短促，更由于人事纷繁。我们应该力求把我们所有的时间用去做最有益、最重要的事。

02　勤奋 + 主动 = 成功的催化剂

爱因斯坦说过:"在天才与勤奋之间,我毫不犹豫地选择勤奋,它几乎是世界上一切成就的催生婆。"

勤奋是通向成功的最短途径,又是实现梦想的最好工具,无论是在富裕还是贫困的环境中,只要你肯勤快做事,付出你的努力,就一定会有收获,因为天道酬勤。

一个人的进取和成才,环境、机遇、天赋、学识等外部因素固然重要,但更重要的是依赖于自身的勤奋与努力。缺少勤奋的精神,哪怕是天资奇佳的雄鹰也只能空振羽翅望塔兴叹。有了勤奋的精神,哪怕是行动迟缓的蜗牛也能雄踞塔顶,观千山暮雷,渺万里层云。

企业的财富积累和不断发展离不开员工的勤奋和努力,员工自己的成功更是其勤奋努力的结果。在企业中取得骄人成绩的员工正是那些刻苦学习、踏实工作的勤奋员工。

什么样的员工是最勤奋的员工?现在的世界变化快,"勤奋"的内涵也随着时代的变化而被赋予了新的内容。如果你还认为"勤奋"就是"听命行事",老板吩咐你做什么就照命令办事,那你就大错特错了。今天的"勤奋",要做到"不必老板交代,也要积极主动做事",这样才能称得上是"勤奋"。

每个老板都希望自己的员工能主动工作,带着思考工作。对于发个指令,按动按钮,才会动一动的"机械"员工,没有人会欣赏,更没有老板会喜欢。职场中,这类只知机械完成工作的"应声虫",老板会毫不犹豫

会选择才会有未来

地剔除掉。

一位成功人士曾经说过:"我不知道有谁能够不经过勤奋工作而获得成功。"寓言中"守株待兔"的人,曾经不费吹灰之力就得到一只兔子,但此后他就再也没有得到半只兔子。所以,不要指望不劳而获的成功。

下面这个故事,也许大家都不陌生,甚至听过很多遍,但还是请大家耐着性子再读一遍,也许你会从中得到更多的启发。

汤姆和杰克同时受雇于一家超级市场,开始时大家都一样,从最基层干起。两个人都同样勤奋地工作,拿着同样的薪水。可不久以后,情况就发生了变化。汤姆受到了老板的重用,担任了更重要的工作,而杰克仍在原地踏步。

杰克感到非常的失望。终于有一天,他忍无可忍,向老板提出辞呈,并质问老板:"我和汤姆一样地辛勤工作,为什么他得到提升,而我却仍然没有什么变化呢?"

老板耐心地听着,他了解这个小伙子,工作肯吃苦,但似乎缺了点儿什么,究竟缺什么呢?三言两语还说不清楚,说清楚了他也不服,看来……他忽然有了个主意。

"杰克,"老板说,"你马上到集市上去,看看今天有什么卖的。"

杰克很快从集市上回来说,刚才集市上只有一个农民拉了车土豆在卖。

"一车大约有多少袋?一袋多少斤?"老板问。

杰克赶快戴上帽子又跑到集市上,然后回来告诉老板说一共有30袋。

"价格是多少?"他再次跑到集上问来了价格。

"好吧,"老板望着跑得气喘吁吁的他说,"请休息一会儿吧,我们来看看你的朋友是怎么做的。"说完他叫来汤姆,并对他说:"你马上到集市上去,看看今天有什么卖的。"

汤姆很快从集市上回来了,向老板汇报说,到现在为止只有一个农民在卖土豆,共30袋,价格适中,质量很好,他还带回几个让老板看。汤姆接着说,这个农民一会儿还将弄几箱西红柿上市,据他看价格还公道,可以进一些货。昨天他们店里的西红柿卖得很快,库存已经不多了。汤姆想这种价格的西红柿老板大约会要,所以他不仅带回来几个西红柿做样品,而且把那个农民也带来了,他现在正在外面等回话呢。

此时,老板转向杰克,说:"现在你知道为什么汤姆的薪水比你高了吧?"

杰克不可谓不勤奋,他忠实地执行老板的命令,毫无怨言地跑了三次。而汤姆好像没有杰克勤奋,他只跑了一趟,但得到的结果却好得多。

因为工作方法的不同,同样的工作,会干出不一样的效果;而干同样工作的人,也会有不同的体验和收获。

每位勤奋的员工,老板都会看在眼里,记在心上。对老板来说,一名勤奋敬业的员工即使能力比那些一下班就消失的员工稍逊一筹,但是勤能补拙,通过不断地努力,这些勤奋员工的能力会得到提升,最终会成为企业的栋梁。

勤奋敬业是所有渴望进步和提升的人应有的基本态度,是获得高薪和谋求更高职位的前提。每一份工作都是一座宝藏,正在工作的人在展望未来的时候应避免内心的浮躁,认识并珍惜自己目前所拥有的一切。那些看起来平凡琐碎的工作,往往潜藏着巨大的价值和机会。如果你对自己的期望比老板对你的期许更高,那么你就无需担心会失去工作。同样,如果你能达到自己设定的最高标准,那么升迁晋级也将指日可待。当你养成这种自动自发的习惯时,你就有可

会选择才会有未来

能成为领导者。

成功有一千条途径,最短的一条就是自动自发地工作;失败有一万种原因,最可悲的原因是被动地接受工作。

31岁的林文子加入了日本本田公司从事销售工作,由于她没有汽车产业的从业背景,对汽车的一些常识性知识又知之甚少,所以人们对她是否能够坚持下去都表示怀疑。

但是,勤奋的林文子却以自己的行动让所有的怀疑者大跌眼镜。她认认真真地埋头工作、静心学习。当其他同事向顾客解释汽车方面的问题时,她甚至比顾客听得还要投入。之后,她还会在心里默默地将同事的话复述一遍。在业余时间里,她购买了大量的专业书籍,夜以继日地补习理论知识。许多夜晚,丈夫半夜醒来,看到的依然是林文子专心学习的背影。

果然,林文子的勤奋很快就有了回报,她迅速跃升为店里业绩最好的业务员。最后,林文子通过自己的勤奋坐上了宝马东京分公司总裁的位置。

成功者都具有一个共同的特质,那就是勤奋。林文子就以自己的实际行动告诉人们:只要勤奋,一切皆有可能。《华尔街时报》曾这样评价成功者林文子:"林文子一心一意奋斗在销售行业,她的敬业精神和工作业绩在日本商界显得无为可贵。"

我们在刚开始参加工作时,也许从事的是端茶倒水、接电话之类的琐碎的工作,或者从事秘书、会计和出纳之类的事务性工作。

许多人在寻找自我发展机会时,常常这样问自己:"做这种平凡乏味的工作,有什么希望呢?"可是,就是在极其平凡的职业中,在极其低微的位置上,往往蕴藏着巨大的机会。只要把自己的工作做得比别人更完美、更迅速、更正确、更专注,调动自己全部的智力,从旧事中找出新方法来,才能引起别人的注意,使自己有发挥本领的机会,满足心中的愿望。

一个员工的成功与否在于他无论做什么都力求比老板所期望的更好。当一个人对自己的期望比老板要求的还高时,他离成功也就不会很远了。因此,在工作中,要超越老板对自己的期望,以最高的标准来要求自己。这样,老板才能相信你,你离成功才会越来越近。

勤奋是检验成功的试金石。如果你对自己未来的工作充满梦想,如果你想让你的工作使自己一生富有,请勤奋工作,从现在开始。不要做一个墨守成规的员工,不要害怕犯错,勇敢一点吧!老板没让你做的事,你也一样可以发挥自己的能力,成功地完成任务。

人生感悟

正如石匠一样,一次次地挥舞铁锤,也许100次的努力和辛勤的捶打都不会有明显的结果,但最后的一击终会使石头裂开。成功的那一刻,正是前面不停地刻苦累积达成的结果。

会选择才会有未来

03　脚踏实地，平凡中孕育成功

人的一生不管做什么事，都要实实在在。万丈高楼平地起，夯实地基为第一；参天大树搏风雨，扎实根基为第一；谷子低头笑茅草，丰盈子实为第一；有志之士建功业，充实自己为第一。

一心只想着急迫地追求短期效应而不顾及长远影响，总是思考追求眼前的小利，而不顾全局的根本利益，这都是急功近利。

急功近利容易使很多人失去自我，迷失方向。办任何事情只有选择务实，不急功近利，不患得患失，坚定不移地奠定基础、创造条件，才会有妙手偶得的乐趣。

据权威机构调查显示，我国民营企业的平均寿命只有 3.5 年，为什么许多民企品牌，很快即成为过眼烟云？

一场以品牌力量为主题的"对话——民营企业家沙龙"吸引了近千名企业家和听众。慧聪国际资讯有限公司的首席执行官郭凡生说："目前我国许多民营企业做品牌都存在着急功近利心态，在认知程度上局限于做品牌就是为了市场，为了马上赚钱，只顾眼前而不考虑长远，对品牌的高目标指向缺乏明确认识。"其外在主要表现是，炒作成了企业提高品牌知名度的惯用手段。"秦池""爱多"等"泡沫"品牌，说倒就倒。他认为，品牌是"人品""产品""企品"的合一，要靠科技创新，靠文化支撑。要想打造国际品牌，对我国民营企业来说，首先要调整和改变这种急功近利的心态。

欧典地板号称源自德国，但其德国总部根本不存在；自称百年历

史其实只有 8 年，所谓的欧典（中国）有限公司也根本没有注册过。原来，欧典地板并非像其宣传的那样"真的很德国"；但竟然卖到了 2008 元/平方米。2006 年的央视"3·15"晚会，向全国消费者揭穿了这个谎言。

他们的所谓"真的很德国"，利用了消费者爱慕虚荣的心理。因为木地板最早源于德国，所以欧典便想方设法把自己的产品与德国联系在一起，通过炒作概念，来标榜自己技术一流、质量上乘。

美国股神巴菲特有一句名言：只有退潮时，你才知道谁在光着身子游泳。很多的企业似乎正是这样，经济狂潮一经消退，喧闹的沙滩上留下的便是投资者尴尬的身影，而这无力遮羞的身影正是急功近利所带

会选择才会有未来

来的一大致命伤。由于急功近利,与欧典类似的不少企业不愿在苦练内功上下工夫,而是把赌注压在广告上,于是中央电视台黄金时段的广告价位扶摇直上。一些企业在商海中潮起潮落,上下浮沉,甚至是杀鸡取卵、急功近利。古语讲:"欲速则不达。"这也许是"欧典事件"带给我们太深刻的教训。

看到新世界旗下的酒店和国际会议展览中心为郑裕彤带来的巨额财富,许多人说,郑裕彤的成功就是胆大、冒险,快速赚钱。但郑裕彤却不这样认为。他说:"我不喜欢立刻就能赚钱,而且赚得很多的项目。越赚得快的钱,风险越大,这是一定的。"

"我不是这样。因为我做每一件事都是看透了才去做的,不是急功近利的。以会展中心为例,我做这件事的时候,别人说我大胆,其实我已经看透了,中国最终要收回香港。1997年的时候,很多人对中国没有信心,但是我对中国有信心,就是这样的。"

成功绝非一夕之功。你不会一步登天,但你可以逐渐达到目标,一步又一步,一天又天。别嫌自己的步伐太小、无足轻重,重要的是每一步都踏踏实实,这才是通往成功的康庄大道。如果你想成功,只要你肯为此尽心尽力,你一定不会落空。

脚踏实地的人,能够控制自己心中的激情,避免设定高不可攀、不切实际地用好每一分钟,甘于从基础做起,在平凡中孕育和成就梦想。

人生感悟

一步登天、不劳而获的事是不存在的,机会和运气青睐勤奋和努力的人。

04　变通，揭开成功的面纱

萧伯纳说："明智的人使自己适应世界，而不明智的人只会坚持要世界适应自己。"的确是这样，变通是天地间最大的智慧，是才能中的才能，智慧中的智慧。

每个人在追求成功的道路上总会碰到许多走不通的路，在这时候，我们就要懂得变通，应当换个角度考虑问题，重新振作。成大事者的习惯是：如果这条路不适合自己，就立即改变方向，重新选择另外一条路。

我们形容顽固不化的人常说他是"一条路跑到黑，不撞南墙不回头"。这些人有可能一开始方向就是错误的，所以注定不会成大事。南辕北辙、背道而驰固然不行，方向稍有偏差，就会"差之毫厘，谬以千里"。还有一种可能是当初的方向是正确的，但后来环境发生了变化，而他们却不适时调整方向，结果只能失败。

哈利是一个聪明机灵的少年，15 岁时在一个马戏团打工。他的任务是向路人推销门票，在演出时向观众推销饮料。由于经济不景气，钱花在娱乐上的人不多，加上这家马戏团知名度也不大，很难将观众"请"进来。观众少，饮料自然也卖不出去多少。

哈利的收入取决于他的推销业绩，老板是不会给他多发 1 美分的。为了吸引观众，哈利每天起劲吆喝，甚至将门票硬往人家手上塞，收效却不大。哈利想，按这种老法子推销，每天喉咙喊哑，被人看得像个叫花子一样，却卖不出去几张票，未免太亏了！总得想个什么既简便又有效的法

会选择才会有未来

子才行。

一天,哈利实在喊累了,便向一个小贩买了一包盐水花生,坐在台阶上,一边百无聊赖地吃着,一边闷头想心事。忽然,他眼睛一亮,想到了一个促销门票的点子:买一张门票,免费赠送一小包盐水花生。

哈利向老板分析了这个促销办法的好处,立即得到批准。此后,哈利叫卖门票时,吸引力就大不一样了:"本马戏团演出的节目非常精彩,让你大饱眼福!为了大家获得更好的享受,每位赠送名贵花生米一包!"

很多人想,花几元钱,既可看马戏,又有东西吃,很合算嘛!尤其是小孩子,对这种看热闹加馋嘴的双重享受特别感兴趣,非拉着大人买票不可。这样一来,马戏团的观众比以前多了几倍。但这只是哈利的主意的一部分;另一部分是,观众吃了盐分很足并加了香料的花生后,口干舌燥,一定会特别想喝水。这时,戏院内早就准备了各种饮料。有时一场马戏演下来,可销饮料一千多瓶,获利颇丰。哈利也借这种方法为自己积攒下了第一桶金,为日后成就自己的事业打下了基础。

我们在生活中可能也经常会陷入一种看似"山穷水尽"的地步,但只要你跳出事情本身,换个角度想一想,也许就会有"柳暗花明又一村"

第五章 行动起来,成功从不等待

的惊喜。正如一位哲人所说,人生正如上山,面对悬崖峭壁,何不转而从另一面山坡上山呢?人生的选择其实有很多,不要受自己思维的局限,适当地跳出常规模式,转换角度,你就很可能会突破困境,有所收获。

我们生活中还有一种人,他们是在取得一定的成功后,变得自大、骄傲、自以为是,从而放松了进取的主动性和积极性。他们满足于已经取得的成绩,认为自己用不着再像从前那样艰苦努力和辛勤劳作。因此他们开始贪图享受,个性也变得狂傲不羁、颐指气使、高高在上。但是这种日子不会持续太久,等到他突然发现自己坐吃山空,需要重新创业时,就会惊慌失措,迫不及待地重操旧来。

而这时候他们已找不到当初那种劲头十足、游刃有余的感觉,做什么事都会磕磕绊绊,极不顺利。这当然是由于身心的懈怠所致。

人类之所以是万物之灵长,是因为人类的思想是其他动物所无法比拟的,这其中就不乏灵活、变通,有时候,我们需要执著,但执著不是固执。不要为任何的成功而骄傲自满,忘记了追求成功的艰辛和困苦,也不要为一时的挫折垂头丧气,失去了重新战斗的勇气。只有这样,才不会被历史的洪流所淹没。

现代社会是个竞争极为激烈的信息化社会。没有竞争,就没有动力;没有竞争,就没有发展。竞争的目的,是为了使自己能得到更好地发展,实现持续经营。但要避免恶性竞争,就更要懂得变通,当很多人往同一条路上挤的时候,你未必要凑这个热闹,另谋其他道路而取之,也许会达到殊途同归的目的。

在 20 世纪最后 20 年里,日美汽车大量侵入西欧,几乎把欧洲的汽车工业挤到了灭亡的边缘。像以"车到山前必有路,有路就有丰田车"著称的丰田汽车公司,以其优质低价的汽车而风靡全球。然而奔驰车虽然价

会选择才会有未来

格昂贵,但它以无与伦比的质量,豪华的造型不仅保住了欧洲汽车工业的一席之地,而且稳居世界汽车工业的前列。

其实早在十年之前乃至更久以前,奔驰汽车就已以其雄厚的实力而雄踞于世界汽车制造业前列。世界上最早的一辆汽车就叫奔驰,而奔驰公司的创始人卡尔·本茨和哥特里普·戴姆勒正是汽车的制造者。到了埃沙德·路透的时候,这个满怀雄心壮志的德国人,决定要采取另一种竞争方式来稳固奔驰的地位。

"奔驰车将以两倍于其他车的价格出售",这话说起来就像唱山歌一样动听,但做起来难度之大可想而知,然而路透似乎早已下定了决心,他知道如果不设法提高奔驰车的质量,在以后越来越激烈的竞争中势必不能够适应风云变幻的市场变化,靠老牌子吃饭是支撑不了多久的,他感到自己有责任来为奔驰开辟新的发展道路。

路透和他率领的公司是永远都不愿充当像恐龙那样不适应变化的角色的。在奔驰600型高级轿车问世之前,路透便对他的技术专家们说:"我最近想出了一则很优秀的汽车广告,当然是为咱们奔驰想的。这则广告是:'当这种奔驰轿车行驶的时候,最大的噪音来自于车内的电子钟。'我准备把这种奔驰车定价为17万马克。"专家们当然明白总裁的意思,但却仍不免大吃一惊:17万马克,可以买多辆普通轿车!

也许是总裁的表现感动了那些专家,他们废寝忘食地工作,以惊人的速度把成功的新型优质奔驰轿车献给了埃沙德·路透。路透从病床上爬起来后的第一道命令便是宣布,将奔驰轿车的价格提高一倍。这个命令不仅让整个德国震惊,更是让全世界的汽车工业难以理解。

路透的愿望还是很快变成了现实,闻名世界的高级豪华型轿车奔驰600问世了,它成了奔驰轿车家族中最高级的车型,其内部的豪华装饰,外部的美观造型,无与伦比的质量都令人叹为观止。很快,各国的政府首脑、王公贵族以及知名人士都竞相挑选奔驰600作为自己的交通工具，因为，拥有奔驰，不仅仅是财富的象征，更增强了人们的安全心理。

现在，奔驰汽车公司已是德国汽车制造业最大的垄断组织，也是世界商用汽车最大跨国制造企业之一，奔驰汽车以其优质高价著称于世，历经百年不衰。德国奔驰汽车公司的成功经验告诉我们：办事不要太教条，当其他企业大多从降低成本、降低自己商品的价格来达到增强竞争能力的目的时，而奔驰公司却能成功地走出竞争误区，反其道而行，这不得不令人佩服，企业决策者的行为也带给我们一条重要启示：办事不能教条地按一般规则走，要学会适当地变通，懂得转换路子。

做人固然要正直，但是如果不知变通，就有可能碰钉子，甚至会遭不测。人的工作环境，有时候是无法选择的，在危险或尴尬的环境中工作，头脑一定要灵活，遇事该方就方，不该方时就要圆一些，尤其在遇到将要对自己不利的形势时，应将刚直不阿和委曲求全结合起来，随机应变，要学会保护自己以屈求伸。

人生感悟

再长的路，一步步也能走完；再短的路，不迈开双脚也无法到达。

05 立即行动，成功之路在脚下

生活中不可能完美无缺，也正是因为有了残缺，我们才有梦想，有希望。当我们为梦想和希望而付出努力时，我们就已经拥有了一个完整的

会选择才会有未来

自我。

无论你要开始什么样的工作,总是先有积极的想法,然后头脑中就会冒出"我应该先……"这样一来,你的一只腿就陷入了"万事俱备"的泥潭。一旦陷入,结果就很难说了,很多人在这种情况下,都会顾虑重重,不知所措,无法定夺应该何时开始……

很多时候,你若立即进入工作的主题,就会惊讶地发现,如果拿浪费在"万事俱备"上的时间和精力处理手中的工作,往往绰绰有余。而且,许多事情你若立即动手去做,就会感到快乐有趣,从而增加成功几率。一旦延迟,愚蠢地去满足"万事俱备"这一先行条件,不但辛苦加倍,还会失去应有的乐趣。比如,一个艺术家行走在路上时,某种灵感如同闪电般闪现在他的脑海里。如果他在那一刹那迅速执笔,把这个灵感画在身边的某一片纸上或者他的衣服上,必定会有意外收获。可是如果这个艺术家一定要等回到了画室,展开画布,调好颜料等,才执笔捕捉。那么,一切就绪后,很有可能他再怎么苦苦思索,美好的灵感火花,却也早已模糊,难觅其踪了。

假如你本应该打一个电话给客户,但由于爱拖延的坏习惯,你没有打这个电话。你的工作可能因此而被延误,你的公司也可能因这个电话而蒙受损失。

为了按时上班,假如你把闹钟定在早晨6点。然而,当闹钟响时,你睡意仍浓,于是起身关掉闹钟,又回到床上去睡。久而久之,你会养成早晨不准时起床的习惯,同时,你又会为上班迟到而寻找借口。

一个人光有想法是不行的,还要付诸行动,否则想法就是空想。成功者的共性是:一旦锁定目标,就马上行动起来,不断拼搏,不达目的誓不罢休。

造成拖延恶习的原因有很多,研究表明,喜好拖延工作的人往往缺乏安全感、害怕失败,或无法面对一些有威胁性、艰难的事,当然还有一些其他原因。判断下列的原因是否导致过你拖延工作:

● 第五章 行动起来，成功从不等待

1. 对工作感到困惑

有时候，人们之所以拖延，是因为他们对自己该做什么感到困惑。通常情况下，他们都会被工作的分量和复杂性所吓倒。他们看到了事情的方方面面，却不知道该从何下手。因此，他们就开始拖延，并希望他们的工作变得越来越简单，这样他们才好开始去做。

2. 缺乏分析能力

当一个人对他的工作缺乏分析能力时，他往往不会让自己选择别的方法。他之所以拖拉，是因为害怕这些方法都没有效，同时他也无法看到别的可能性。这与你要让树结果子，必先砍掉一些树枝极为相似。

175

有时候,这些人会使自己身陷泥潭。直到最后期限,于是他们就在这短短的剩余时间内,草草地做完他们的工作。

3. 无法排定工作优先顺序

做事不分轻重缓急,是造成拖延的最普通的原因之一。假如一个人对他的工作分不清轻重缓急,那往往也就搞不清自己该去做什么。时而做做这,时而做做那,结果什么都没做成。

4. 不愿承担责任

有时候人们之所以拖延,是因为他不愿承担更多的责任。

有时人们总是会等到他们认为情况好转了,才肯踏出第一步。然后他们会责怪每一个人把他的情况弄得那么糟,使他的延误看起来比较合理。

他们也会继续拖下去,直到他们愿意开始自我提高,并且接受现实环境所给予他们的责任为止。

5. 逃避工作

当人们面临一件很不喜欢的工作时,通常会作两种反应:一种就是尽量忍受并努力去完成它;再者就是加以逃避,并且他们通常都是用拖延作为逃避的方式。

有些人以逃避不愉快的工作来保持心境的愉快,但他们还是无法逃过最后的期限。除非他们要完成的工作没有什么最后的期限,否则他们的压力、紧张和忧虑是不会消除的。

因此,那些总想逃避的人,最终还是得寻找完成工作的方法,否则因他的逃避会使情况更加复杂。

6. 依赖他人

依赖性很强的人也会做事拖延,因为他们自己无法独立完成工作。因此,总是把重要的工作往后拖,直到有人来帮助他们为止。有时候他们

第五章 行动起来，成功从不等待

也承认自己依赖性强，但大多数人却否认这一点。

在我们的身边找到这种拖延的例子很容易，因为这非常普遍。例如，行政人员会把重要的信息和报告搁置于一边，直到秘书休假回来时分送。

如果你想成功，那就必须去行动，决不拖延，努力比别人做得更好，去超越别人，走在别人的前面，现在就干。

只有"立即行动"，才能扼制"万事俱备"的"第三只手"，把你从"万事俱备"的陷阱中拯救出来。

一旦你成为做事迅捷的人，你的执行力就会提高，会变得绩效非凡。立即行动吧，这种态度还会消减准备工作中一些看似可怕的困难与阻碍，使你更快地抵达成功的彼岸。

一个农夫新购置了一块农田，可他发现在农田的中央有一块大石头。

"为什么不铲除它？"农夫问。

"哦，它太大了。"卖主为难地回答说。

农夫二话没说，立即找来一根铁棍，撬开石头的一端，意外地发现这块石头的厚度还不及一尺，农夫只花了一点儿时间，就将石头搬离了田地。

"说一尺不如行一寸"。无论现在做什么事情，都要有一种紧迫感。万事行动果断，方可争得先机，拔得头筹。任何希望，任何计划最终必然要落实到行动上，只有行动才能缩短自己与目标之间的距离，只有行动才能把理想变成现实。

人生感悟

徘徊观望是我们成功的大敌。许多人都因对已经来到前边的机会没有信心，而在犹豫之间把它错过了。机会难再，即使它肯再次光顾，但如果你没有改掉徘徊瞻顾的毛病，它也还是要溜走的。

会选择才会有未来

06　冒险，挑战自己获新生

　　做别人没有做过的事情，需要有冒险的气魄和胆量。因为成功与冒险是成正比的，所有的成功，都是敢想、敢做、敢于冒险的结果。

　　一个小男孩在野外游玩时发现一窝鹰蛋，他欣喜若狂将其中最大的一只鹰蛋带回了家，与鸡蛋放在了一起。

　　不久，一只小鹰同一群鸡宝宝一块出生了，它们一块儿玩，一块儿抢食，快乐极了。

　　小鹰一天天地长大了。它虽然觉得生活有些烦闷，可又无可奈何。

　　有一天，一只老鹰从鸡场上空飞过，小鹰看见老鹰翱翔于蓝天之上，心中无比羡慕，它想：要是自己也能飞向天空该多好啊！可是自己怎么能够像老鹰一样呢？自己从来就没有张开过翅膀。没有任何飞行的经验，犹豫、徘徊、冲动……经过一阵紧张激烈的内心斗争。小鹰终于决定甘冒粉身碎骨的风险，也要展翅高飞。

　　想到这时，小鹰感觉自己的双翼涌动着一股奇妙的力量。它勇敢地挥动着翅膀飞向了蓝天,而且越飞越高。

小鹰如果不冒险去尝试,就永远不知道自己竟然是可以飞翔的。人生避免不了会出现困难,假如你惧怕困难,停滞不前,那成功只会离你越来越远。冒险的举动尽管本身带有风险,但它却是一种积极的进取举措。你要克服恐惧心理,就像那只小鹰一样,展翅高飞,展翅虽然是冒险,却是飞翔的前提。

越是平平庸庸的人生越需要冒险。你的弱点要靠勇敢的行动来治疗。不妨做一些冒险尝试,现在就开始!

世界上到处充满机会,敢于冒险必然会有新的收获。在科学方面,在宗教方面,在商业方面,在教育方面,到处都需要有勇气面对困难的人才。社会迫切需要的是攻击性的人才,而非防御性的人才。

我们在做任何一件事,完成任何一种工作时,都不可能有百分之百的把握。即便是在我们的日常生活中,也时常有风险,只是风险率低些罢了。风险可能会导致失败,但如果我们能化险为夷,那么我们获得的回报率将远远比不冒险做事所取得是回报率高得多。

冒险绝不是冒冒失失的无端逞强和希图侥幸的投机取巧。冒险是有目的、有计划的对你的智慧和能力进行挑战。

冒险与收获常常是结伴而行的。险中有夷,危中有利。要想有卓越的成就就要敢于冒险。许多成功人士不一定比你"会"做,重要的是他们比你"敢"做。

如果你没有冒险精神,只愿意四平八稳地走在平坦的大道上,那么,你永远也成不了遨游蓝天的雄鹰,只能做一只在粪堆里扒食的小鸡。

成功需要有足够大的胆识与冒险,勇于冒险是一个人取得成功的重要组成部分。有句话说得好:"一个人只有敢于承担大的风险,有冒险精神才有可能成就一番不凡的事业。那些按部就班、墨守成规等无胆识之

会选择才会有未来

人是终究做不出什么开创性事业来的。"

因此,你要记住,冒险可能会面临失败,但是却能从中学习到更多经验。面对困难时,只有不断尝试,不断冒险,才能使自己拥有更大、更成功的事业。

人生感悟

你若失去了财产,你只失去了一点点;你若失去了荣誉,你就失去了很多;你若失去了勇气——你就失去了一切。

07 集中精力,成为高效执行者

下围棋,这步棋是该进攻还是防守,如果进攻,时机是否成熟?准备工作是否已经做好?是从局部影响到全局,还是从全局影响到局部?在做这些计划的决策时都体现了次序与条理性的重要作用。同样,做事、工作要讲究次序安排的条理,要学会在不同的时候做不同的事,在不同的时候安排不同的工作重点。

美国密执安大学的一位教授曾做过这样一个实验:将6只漂亮的蜜蜂和6只丑陋的苍蝇放入一个玻璃瓶中,然后将瓶子平放,瓶底朝向光亮。结果发现,蜜蜂反复朝有光亮的那边飞去,想在瓶底找到出口,一直到它们力竭倒毙或饿死。苍蝇一开始也朝有光亮的底部飞去,然而几次碰壁后就改变了方法,开始试着朝各种不同的方向尝试。结果,不到10分钟都从瓶口逃了出去。

由此可见,方法决定成功,方法决定效率,方法决定速度。这一放之四海皆准的真理在工作中同样适用。

做事是要有章法的,不能眉毛胡子一把抓,要分轻重缓急,这样才能一步一步地把事情做得有节奏,有条理,达到良好结果。法国哲学家布莱斯·巴斯卡所说:"把什么放在第一位,是人们最难懂得的。"因为这是高效率办事的重要依据。

比尔是纽约某油漆公司的销售员,在工作的第一个月,比尔仅挣了1000美元。比尔很气恼:"为什么别人都能赚那么多,而我却这么少?"分析销售图表后,比尔发现他的80%的买卖源自于他的20%的客户,但是,他却对所有的客户花费了同样的时间。比尔恍然大悟,拍着脑袋直喊"笨"。第二个月工作开始后,比尔把他手中最不活跃的36个客户搁到最后,把80%的精力集中到最有希望的20%的客户身上,到第二个月月底,比尔赚到的钱是第一个月的10倍。

当你面临很多的工作,不知如何下手时,当你耗尽全身的精力,工作效率仍然提不上去时,当你为花了太多的精力做没多大意义的事而懊悔不已时,那么,就应该及时审视一下自身,看看是否把80%的精力放在最重要的任务上,只有这样,你才能高效率地运用有限的精力,有效地提高工作效率。

将80%的精力用来完成最重要的工作,一个人的潜力就能得到更好的发挥,这就好像一个果农要想在秋天获得丰硕的成果,就要把果树上面的多余枝杈修剪掉,只有这样,他才能享受到收获的快乐。

做任何事情,合理的先后顺序是一个完美计划的基础。成功的人善于规划他们的人生,知道自己要达成哪些目标,拟订好优先顺序和一个详细的计划,按计划行事。虽然,有的时候没有办法百分之百按照计划进行。但是,有了计划,就为你提供了做事的优先顺序,让你可以在固定的时间内,完成需要做的事情,这会事半功倍。做事没有计划,你就抓不住

会选择才会有未来

主次,忙碌了一天,结果什么也没完成,这很容易导致人丧失信心,挫伤人的锐气。

在人的一生当中,你没办法做好每一件事情,但是你永远有办法去做你认为最重要的事情,计划就是一个排列优先顺序的办法。凡事要有计划,有了计划再行动,成功的几率会大幅度提升。只有行动,没有计划,是所有失败的开始。做事没有计划、没有条理的人,无论从事哪一行都不可能取得成绩。

鉴于任务的重要性和紧迫性,你还必须学会聚精会神、全身心投入解决。一个员工如果只知道工作的轻重缓急,但在处理最重要的工作时却缺乏集中注意力的能力,就如同一个人知道该做什么,却总是一无所成。

因为,对任何人来说,假如你不能把精力放在最重要的事情上,注意力分散的话,那对于任务的完成没有任何好处,只会浪费你的宝贵精力。所以说,注意力的分散是一个人高效执行任务的头号敌人。要想成为高效执行者,你必须专注于重要的事务。

乔治·西默农是法国一位著名的作家,他非常明白集中注意力的重要性。在写书的过程中,为了能静心写作,乔治都要将自己与外界完全隔绝,不接任何人的电话,拒绝会见任何来客,既不看报纸,也不看任何杂志和来信,他的全部身心都投入到自己的写作之中。在这种专注的境界里,乔治曾以11天的惊人速度,就写出了一本法国历史上最畅销的小说之一。

当然,作为一名员工,身在职场之中,无法像乔治那样将自己置于完全"封闭"的环境中,但这并不表示你不能将精力集中于重要的事务上,很多优秀员工在执行重要任务的过程中都会全神贯注于工作本身,不去理会那些并不重要的电话,也把那些不重要的会见放在自己的工作效率不高的时段。你在运用80%的精力处理最重要的工作时,也可以将你的注意力"封闭"起来。这样,你在处理重要任务时,就不会再受外界的干

● 第五章 行动起来,成功从不等待

扰,被其他次要事务分散精力。

巴特是一位报社主编,他在自己的办公桌上放着一期自己负责编辑的杂志,这样,无论何时当他被一些小事分散了注意力时,只要看到那本杂志,他就会立即回到"正道"上来,专注于手中的重要任务。

如果你正备受注意力分散的折磨,无法高效处理事务,不妨在自己的办公桌上也建立一个"行动一览表",把每天要干的工作依照重要顺序依次记录下来,与此同时,再放上一个提示自己专注的物品,以保持自己的注意力集中。

若想集中精力于最重要的任务,有效利用 80% 的宝贵精力,你还需有说"不"的勇气。汉密尔顿太太曾被推选为社区计划委员会的主席,可是只工作了一个月就受不了了,因为她既放不下许多更重要的事,又不好意思拒绝。别人向自己伸出的求助之手,只好勉为其难地接受。这样,她每天都忙得昏天黑地。汉密尔顿太太深感精力不济,无法担当委员会主席这一重任,便打电话给一个好友,问她是否愿意在委员会工作,对方却婉言拒绝了。汉密尔顿太太放下电话,沮丧地说:"我那时也能拒绝就好了。"儿子汉克斯意味深长地说:"是的,只要你敢于拒绝别人的那一堆鸡毛蒜皮的小事,你根本就不可能那么累。"后来汉密尔顿太太再不理会别人的那些无关紧要的小事,果然轻松了很多,而且还把小区的工作搞得有声有色。

正如汉密尔顿太太一样,任何人在必要时,都应懂得不卑不亢地拒绝别人,在急迫与重要面前懂得取舍。只有这样,你的执行力才会得到提高。

要把时间花在最重要的项目上,而不是被小事耽搁。注意区分轻重缓急,先做重要的事情,注重效率,更注重效果。重要又紧急的事情比任何事情都要优先,必须立刻去做或在近期内要做好。

人生感悟

你自己就是一座金矿,关键是如何发掘和重用自己。

08 做好准备,成功的关键因素

有些人一天到晚忙得不可开交,但办事效率很低,出现这种局面的主要原因是没有在事前做好准备工作。一位成功人士说:"昨晚多几分钟的准备,今天就会少几小时的麻烦。"可见事前准备,对一个人办事效益的提高及一个人的成功是至关重要的。

现代社会瞬息万变,像过去那样"走一步,算一步"已经远远不能适应时代的发展了。做什么事情,都得有准备才行。这好比一个人身体有了病,要到医院治疗,就必须预先经过检查、验血、照 X 光等诊断,然后才能治疗。做事预先计划周全,早做准备,才能事半功倍。如果做事前不做任何准备,临时抱佛脚,要想事情圆满成功,那就难了。

幽默大师林语堂一生应邀做过无数场演讲,但是他不喜欢别人未经事先安排,临时就要他即席演讲,他说这是强人所难。他认为一场成功的演讲,只有经过事先充分的准备,内容才会充实。

对于一个如林语堂这么擅长演讲的语言大师,都不做没有准备的演讲,何况我们这些学识平平的人呢?

"凡事预则立",每件事,只有事先做好相关的准备工作,到时才不至于手忙脚乱,才能把事情做得更好。

苏格拉底说:"没有经过考验的人生是一文不值的。同样,没有做前期准备的工作是不会一帆风顺的。"

有了第一天的短短几分钟的准备过程,你就能对第二天的工作有充分的认识,这样就知道第二天哪件事最重要,哪件事是应该最先做的,就能知道做事的轻重缓急和先后次序。所以,不要对昨天的几分钟的准备不以为然。相反,如果你在工作中无视"准备",事前准备不充分,事后就会麻烦多多。

比如,你昨天少花几分钟时间做准备工作,可能会导致你今天忙而无序,而且不能顺利地完成工作;或许你昨天少花了几分钟对谈判资料及相关文件加以熟悉,可能会导致你在第二天的谈判中陷入不利的局面,面对对方严厉的攻击,而无还手之力,最后导致失败。

会选择才会有未来

做任何事情,都要提前做好充分的准备。作为一个上班族,要想把第二天的工作做好,你最好在每天下班前的几分钟制定出第二天的工作计划。如果拖到第二天上午上班时候才制定工作计划表,那就很容易做得比较费劲,因为那时又面临新一天的工作压力。而前一天晚上就把第二天要做的准备工作做好,到第二天工作起来就会轻松多了。

在头一天做好准备工作,可以了解第二天每项工作可能会发生的问题,并能采取预防措施,防微杜渐。

每一天都在做准备,每一天做的事都是在为将来做准备。当你做好了充分的准备,机会来临时你就会抓住。如果你没有做好准备,不管任何机会都不会是你的。

人生感悟

凡事做好准备,每一天都可以很轻松地达成你的目标。所有成功的人,都是凡事有准备的人。

09 检查,把成功的代价降到最低

成败之间往往就差那么一点点。失败,常常是因为我们不能把事情第一次就作对;成功,往往从拒绝为不断纠错而付出昂贵的代价开始。

我们没有时间去为昨天的错误而悲伤,也没有必要观望明天,因为未来充满着太多的不确定性。所以,唯一要做的就是:第一次就把事情做好!

在绝大多数的企业中,都存在着这样一种特殊的群体。在这个特殊

第五章　行动起来,成功从不等待

的群体中,群体成员得到的工作指示不是不明确具体,他们的能力也很高,但却常常陷入低绩效的泥潭无法自拔。

这是为什么呢?

事实表明,这些人之所以执行不力,关键是他们在执行任务时,没有及时跟进检查自己的工作。由于缺乏跟进检查,即使执行偏离了正确轨道也不知道。如此一来,工作结果自然难如人意。这也从侧面反应了这样一个事实:如果"检查"得不到严肃对待,再清晰的工作指示,再明确的目标也没有多大意义。

朱莉娅应聘到一家报社任记者。年轻而有天赋的她兴奋极了,作为一名新员工,她决心要做出一些成绩来,向众人展示自己的才华,以证明自己的实力。

一天,朱莉娅发现总编非常着急,便主动询问原因。原来是因为临时扩版,三版的《每日论坛》栏目还缺少一篇关于当地某医学专家的特写文章。朱莉娅听后,觉得表现的机会到了。因为她对医学颇为了解,于是立即向总编辑保证,她能如期做好这件事情。当然,她也知道时间很紧迫。

回到办公室后,朱莉娅马上上网收集相关资料。也许是太兴奋太紧张的缘故,朱莉娅在搜索资料时竟然把医学家的名字漏输了一个字母。结果,朱莉娅得到的是另一位医学人士的资料。

由于时间紧,她来不及细看资料,匆匆看过后,马上列出采访提纲,去采访那位医学专家。采访过程中,朱莉娅也发现那位医学专家所说的与她所掌握的资料不太相符。虽有些纳闷,但并没放在心上。回来后,朱莉娅将网络上收集的资料和采访资料相结合,连夜精心赶制出一份特写报道,交给总编辑。

第二天早晨报纸面市后不久,这篇失真特写便引了起轩然大波,甚至

187

会选择才会有未来

所有的读者都开始怀疑报纸的真实性。为了挽回读者的信任,朱莉娅所在报社不得不公开向两位医学专家道歉。当然,朱莉娅也受到了严厉的惩罚。

朱莉娅所犯的错误并非不可避免,只要她在执行任务时,及时跟进检查一下自己所得的工作成果,失真的错误是完全可以避免的。可惜的是,"得意忘形"的朱莉娅没有这么做。

所以说,及时检查自己的工作是有效执行的有力保障。即使是最优秀的员工,及时检查工作也是必要的。

优秀员工在跟进检查自己的工作时,从不会忽视关键细节,他们的目光会集中于:工作进度,工作态度,履行任务的质与量,运作方式是否合适,有无必要对自身进行修正,是否还有更大的发挥余地,是否确切地了解该项任务的主旨,并按"主旨"精神的方向完成任务。

为了防止遗漏,高效执行的优秀员工在接受任务后,通常会给任务建立一份详细的执行计划并把它捆绑在日程上。他们将检查的内容转化成具体的行动及时间表上的细节。这样,跟进检查的工作自然而然地就会被执行。

人是有惰性的,任何人执行任务时都需要经常被督促和被鞭策,需

第五章 行动起来，成功从不等待

要不停地被给予动力。因此，从执行的一开始，优秀员工就假定只要完成了执行计划上的每项检查内容，就能良好地完成任务，并以此来激励自己。

制定了附有"及时检查"项目的执行计划，也并不能让你一劳永逸，因为它还不是万全之策，也不能保证你一定能够高效执行。因为执行过程中潜伏着许多不确定因素，它们都可能阻碍你顺利地按计划执行任务，有时甚至还会迫使你改变预定的整个工作流程。对于这一点，你必须加以警惕。当然，这也更加说明了"及时跟进检查工作"的重要性和必要性。

要想通过"跟进检查"知道自己是否在正确地做事，首先必须知道自己该做的是什么，要做多少，还有在特定时间内的进度。否则，执行计划中的检查内容再详细，也不过是一张纸而已。

瓦德在他的公司里被公认为是最优秀的经理。当有人问他的高效工作秘诀时，瓦德说："我没有秘密。我使用标准的方法去工作，管理员工，但是我坚持用正确的检查标尺定期检查我的工作。检查的尺度很重要，它可以成就一项工作，也可以毁灭一个人。隆特尔的故事可以告诉我们这个道理。"

"隆特尔掌管埃克隆工厂，他过去每天都打电话给我，因为他的前任老板要求有一个这样的反馈。隆特尔是一个很出色的管理者。我知道作为一名出色管理者的上司，我要做的是不要求下属一天打一个电话，这会影响他的主动性。于是我告诉他，我相信他的判断，只是希望他每个星期一打电话给我，做一个十分钟的工作报告。事实证明，我这样做是非常正确的，上个星期我又任命隆特尔为一个委员会的主席，负责推荐我们工厂里要购买的设备。虽然我必须在六个月之内完成推荐报告，但我很清楚隆特尔的能力，所以我只要求他一个月给我一份一页

会选择才会有未来

纸的情况报告。如果我有问题,也会与他联系。我很了解他,我确信我这么做是正确的。"

在工作中,要想让"跟进检查"出效果,必须具备以下几个必要条件。只有满足了这几个条件,你为"及时跟进检查工作"所付出的汗水,才会真正有所回报。

条件一:你必须准确地说出,想要自己的执行有什么样的改善。

条件二:你执行力的改变,必须能影响工作的后果。

条件三:面对工作中的问题,要深度参与,也即带着"思考"寻求解决方法。

条件四:针对自己执行中的问题,进行充分的了解。

条件五:明晰自己确实需要改善的地方。

条件六:你必须了解,要对自己的行为负责。

条件七:对管理者而言,你必须也做到自己对下属所提出的要求。

条件八:执行通过改进产生出好成果后,要学会"奖励"自己,以强化既有的表现。

条件九:了解什么样的做法,会使你的改善行为失效。

跟进检查是确保任务有效执行的最根本保证,只有及时跟进检查自己的工作进度,才能把任务执行到底。跟进检查不仅有利于任务的完成,还能发现自己在执行过程中的漏洞和问题,使自己的执行能力得以提高。

人生感悟

昨天已经过去,明天充满着太多的不确定性,我们唯一要做的就是把今天的事情做好。

10　全力以赴,卓越人才必备

7岁的鲍比放学回到家,发现妈妈不在家,门锁上了,鲍比很发愁,因为他没有钥匙。等了几分钟,妈妈还没有回来,鲍比便试着打开门旁边的窗户。由于里边反锁着,无论怎么用力也打不开。于是鲍比又绕到房子的后面,试图打开厨房的后门,但仍然失败了,沮丧的鲍比一屁股坐在门前的台阶上。这时,邻居家的杰威尔老先生走了过来,"小伙子,怎么了?"鲍比说:"哦,妈妈出去了,我想尽所有的办法也进不去。"威尔逊老先生说:"不,你没有想尽办法,至少你没有请求我的帮助。"说着他摊开右手,上面放着鲍比的母亲出去前留下的钥匙。

在工作中,很多人都以为自己做得已经足够好了,真的是这样吗?你真的已经做到尽善尽美了吗?你真的全力以赴了吗?

美国航空公司的艾德·麦克尔罗伊在谈到全力以赴的重要性时说:"立定心志,全力以赴,就能赋予我们源源不断的能力。无论遇上什么状况——疾病、贫穷或灾难——都不能使我们将目光转离终点,如果你的奋斗终点是高效执行力,不屈不挠、全力以赴的精神,一定会让你越来越接近这个工作境界。"

对一个人而言,"全力以赴"到底意味着什么?

对于马拉松选手而言,它是"感觉体力用尽之后,再多支撑10里路"。

对于拳击手而言,它是"从地上一再爬起来,爬起来的次数总比被击倒的次数多一次"。

对于士兵而言,它是"不管山头上有多少敌军火力,先把它攻下来再

会选择才会有未来

说"。

对于传教士而言,它是"向习以为常的舒适环境道别,转而造福别人的生命"。

那么,对于员工而言,它意味着什么呢？那就是自动自发,竭尽一切努力,让周围每一个人都看到你强大的执行力和骄人的成绩。

优秀员工在工作中都会时刻提醒自己要全力以赴。因为他们知道,即使是一名具有卓越执行力的员工,如果不竭尽全力地投入,总有一天他的执行力会慢慢被削弱,直至消失。对于一名业绩平平的员工,如果放任自己的惰性,不全力以赴,高效执行的工作境界永远是遥不可及的。

第五章　行动起来,成功从不等待

在工作的推进过程中,任何员工都不得不面对这样一个事实:无数的工作障碍和壁垒像一座座不可逾越的山峰,阻碍着任务的执行。在这种情况下,唯有全力以赴才能突破阻碍,让你高效率地完成任务。

休斯·查姆斯在担任"国家收银机公司"销售经理期间,曾面临着一种极为尴尬的情况:该公司的财政发生了困难,这件事被在外负责的推销人员知道了,他们因此也都失去了工作的热忱,销售量开始大幅下跌。到后来,情况极为严重,销售部门不得不召集全体销售员开一次大会,在全美各地的销售员皆被召去参加这次会议。查姆斯先生主持了这次会议。

首先,他请手下最佳的几位销售员站起来,要他们说明销售量为何会下跌。这些销售员站起来以后,每个人都有一段最令人震惊的悲惨故事要向大家倾诉:商业不景气,奖金减少,人们都希望等到总统大选揭晓以后再买东西等等。

当第五个销售员开始列举使他无法正常完成销售配额的种种困难情况时,查姆斯先生突然跳到一张桌子上,高举双手,要求大家肃静。然后,他说道:"停止,我命令大会暂停十分钟,让我把我的皮鞋擦亮。"然后,他命令坐在附近的一名黑人小工友把他的擦鞋工具箱拿来,把他的皮鞋擦亮,而他就站在桌上不动。

在场的销售员都惊呆了,有些人以为查姆斯先生要发疯了,他们开始窃窃私语。这时,那位黑人小工友先擦亮他的第一只鞋子,然后又擦另一只鞋子,他不慌不忙地擦着,表现出了一流的擦鞋技巧。

皮鞋擦亮之后,查姆斯先生给了小工友一笔钱,然后开始发表他的演说。

"我希望你们每个人,"他说,"好好看看这个小工友。他拥有在我们

193

会选择才会有未来

整个工厂及办公室内擦鞋的特权。他的前任是位白人小男孩,年纪比他大得多,尽管公司每周补贴他五美元的薪水,而且工厂里有数千名员工,但他仍然无法从这个公司赚取足以维持他生活的费用。

而这位黑人小男孩不仅可以赚到相当可观的收入,不需要公司补贴薪水,每周还可以存下一点钱来,而他和他的前任的工作环境完全相同,工作的对象也完全相同。现在我问你们一个问题,那个白人小男孩拉不到更多的生意是谁的错?是他的错还是顾客的错?"

那些推销员不约而同地大声说:"当然,是那个小男孩的错。"

"正是如此。"查姆斯回答说,"现在我要告诉你们,你们现在推销收银机和一年前的情况完全相同:同样的地区、同样的对象以及同样的商业条件。但是,你们的销售成绩却远不如一年前,这是谁的错?是你们的错,还是顾客的错?"

同样又传来如雷般的回答:"当然是我们的错!"

"我很高兴,你们能坦率承认你们的错。"查姆斯继续说,"我现在要告诉你们,你们的错误在于,一听到了有关本公司财务发生困难的谣言,就影响了你们的工作热忱,因此,你们就不像以前那般努力了。只要你们回到自己的销售地区,并保证在以后30天内,每人卖出5台收银机,那么,本公司就不会再发生什么财务危机了。你们愿意这样做吗?"大家都说愿意。

在接下来的工作中,什么商业不景气、奖金缺乏等,种种借口均消失殆尽。所有人的心目中只有一个尽力擦皮鞋的黑人小男孩的身影,这个身影不断激励着他们,每当遇到困难,他们就会先检查自己的行动,看看自己是否已经全力以赴,结果,每个员工似乎都成为商场上的一名强兵,工作成绩都出人意料的好。

有人说过这样的一句话:"全力以赴乃是逆境的克星,因为它让你咬紧牙关坚持下去，无论被击倒多少次，它总能支持你再爬起来，所以，只要你的工作目标已经确立，你就必须全力以赴。"

不论你的工资是高还是低，都应该保持这种良好的工作作风。能让工作变得完美的人，需要极高的品质。高品质不是从天上掉下来的，而是保持高昂的信心、付出诚心诚意的努力、投入心血智慧以及技能后所得到的结果。

米开朗琪罗30岁的时候，当时的教皇米利安二世要求他在梵蒂冈一座没人注意的小教堂的顶棚上，画一幅耶稣十二门徒的画像。这是一项十分具有挑战性的工作，对于热衷于雕刻、久不再执笔的米开朗琪罗来说更是如此。他很明白这是一些艺术界劲敌故意把他推到教皇面前，让他做这件出力不讨好的差事。若推辞，教皇可能就不再用他；若接受，这项工作可能使他交不出像样的成果。

但令他的艺术劲敌万万没想到的是，米开朗琪罗迫于这样的形势，再加上教皇的再三敦促，他决定接受这个挑战。后来发生的一切都出乎那些狡猾的艺术劲敌所料。艺术在米开朗琪罗眼中是一项比生命还重要的事，他从不允许自己有哪怕一丝敷衍应付的想法出现。在他的"不做则已，要做就要全力以赴"的做事原则的支持下，他在高架平台上整整画了四年，他没有简单地把耶稣十二门徒的画像画在顶棚上，而是做了一幅包含描述上帝创造世界的九大景象和包括400多位人物的旷世名作。

全力以赴的工作精神是米开朗琪罗取得卓越艺术成就的根基。他的全力以赴的工作精神不仅让教皇深受感动，也震撼了整个艺术界。

全力以赴的工作精神是自发的，别人强迫不来，也约束不了。只有从思想上以及行动上去实践它，才能使之发挥作用，促进绩效提高。

很多时候，你以为自己已经全力以赴地去做一件事了，但实际上你并没有做到这一点，正如前面提到的鲍比的故事。有了这样一个衡量指标，在具体行动时就可以随时拿出来衡量自己的行为。尤其在执行任务步履维艰,似乎无路可走时,更应拿出标尺来加以衡量。或许你会惊讶地发现,你的行动远没有达到全力以赴。没有达到全力以赴的行动力自然是无力的,行动结果自然是低效的。

如果你认为跨出全力以赴的第一步比较困难,不妨模仿一下爱迪生的做法。每当自己想到一项发明时,爱迪生会立即召开招待会将其公之于众。然后再进入实验室,直到产品成功发明出来为止。当然,你不可能在招待会上公布自己的工作底线和高效执行的计划,但你可以把计划告知身边的亲朋好友,借助他人的力量来督促自己全力以赴,坚持不懈。假以时日,你的执行力一定会获得大幅度提升。

世界上没有做不成的事,只有做不成事的人。作为一个优秀员工,凡事别人已经做到的事,我们即使面临的困难再大,也一定要做得更好;凡是别人认为做不到的事,我们即使遇到挫折,也要继续拼搏直至取得成功;凡是别人还没有想到的事,我们不仅应该想到,而且一定要敢为人先,迅速行动。

人生感悟

别人想不到的我们想到,别人想到的我们做到了,永远快人一步,全力以赴,我们就会成功。

11 创造机会,把成功掌握在自己手里

上司不留情面地指出了你工作上的毛病,你决定痛改前非,让他刮目相看,于是拼命地加快速度,最后不但把自己搞得心力交瘁,事情还没做

好。

其实要想改善自己的工作,使之更有成效,根本不必硬逼自己,只要改变或利用一些细节,工作效率很快就会提高。记住,如果你不能改变你手里的牌,那就改变你出牌的方式;如果不能改变你自己,那就改变你做事的方式。

大卫参加工作两年,就成了公司里最出色的员工,因为他的办事效率是最快的,同样的工作,他总能提前完成,老板也喜欢把一些重要的额外工作交给他去做,他并没有把自己弄成工作狂,整天陷在工作中,而是轻松地做完他的工作。他的一位好友向他询问其中的诀窍,他的回答是:

"如果不能改变你手里的牌,那就改变你出牌的方式;如果不能改变你自己,那就改变你做事的方式。你只要改变或利用10%,你就能做到。"

那么,怎么改变自己的做事方式?当然还要看机会。培根指出:"智者所创造的机会,要比他们能找到的多。"其实,在主动进取的人面前,机会完全是可以靠自己"创造"的。

在现实生活中,我们经常听到人们总是这样说:"如果给我一个机会……"或者是"为什么我的机会那么少?"这些想法真是可怜又可笑。这个世界总会有很多机会提供给你,就看你能不能抓得住。

对待机遇,有两种态度:一是等待机遇,二是创造机遇。等待机遇又分消极等待和积极等待两种。不过,不管哪种等待,始终是被动的。你应该主动去制造有利条件,让机遇更快地降临在你身上,这就是创造机遇。

机会是创造主体主动争来的,主动创造出来的,它绝非上苍的恩赐。我们不难发现,凡是在世界上做出一番事业的人,往往是那些"没有机会"的苦孩子。

会选择才会有未来

法拉第只有药水瓶与锡锅子,却发现了电磁感应现象;霍乌只有缝纫针,却发明了缝纫机;贝尔的仪器简陋得不能再简陋,却发明了电话。

"没有机会"永远是那些失败者的借口。失败者会告诉你他们之所以失败,是因为不能得到像成功者一样的机会;是因为没有人帮助他们;是因为没有人提拔他们。他们还会对你叹息:好的地位已经人满为患,高级的职位已被他人挤占,一切好机会都已被他人捷足先登。总之,命运没有给他们足够好的机会。

强者却从不会为他们的任何不顺利寻找托词。他们从不怨天尤人,他们只知道尽自己所能迈步向前。他们更不会等待别人的援助,他们自助;他们不等待机会,而是自己主动制造机会。他们深知:如果不能改变你手里的牌,那就改变你出牌的方式;如果不能改变你自己,那就改变你做事的方式。

美国总统林肯年幼的时候住在一所极其粗陋的茅舍里,既没有窗户,也没有地板。他的家距离学校非常遥远,既没有报纸书籍可以阅读,更缺乏生活上的一切必需品。就是在这种情况下,他一天要跑二三十里路,到简陋不堪的学校里去上课;为了自己的进修,要奔跑一二百里路,去借几册书籍,而晚上又靠着燃烧木柴发出的微弱火光来阅读。林肯只受过一年的学校教育,但是他竟能在这样艰苦的环境中努力奋斗,后来成为美国历史上最伟大的总统之一。

成功永远属于那些富有奋斗、创新精神的人们,而不是那些一味等待机会的人们。应该牢记,良好的机会完全在于自己的创造。如果以为个人发展的机会在别的地方,在别人身上,那么成功就永远不会光顾他。

人生感悟

我们的生命每天都在经受考验,如果我们坚韧不拔,勇往直前,相信自己,我们就能够成功。